红山动物园是我家 Hongshan Zoo, My Home

U0304333

沈志军 ● 朱赢椿 ● 主编

CTS 湖南文艺出版社

汤景记录 / 陈园园

南京市红山森林动物园北门

序·动物的欢乐家园

• • • • • • 沈志军

动物园是生命与生命对话的地方。

南京市红山森林动物园一直致力于打造动物的欢乐家园，将动物放在首位。来自全球各地的动物，认真勤勉的饲养员，葆有童心的游客……大家会聚在这里，相聚在红山，用发展和爱的眼光去看动物园。希望公众每一次来到这里都会有难忘且美好的体验，一起陪伴我们见证动物园的成长，共建动物的欢乐家园。

——南京市红山森林动物园

2008 年，我初到动物园，当时还存在部分传统的场馆。看到那些被关在笼子里，或蹲或坐或徘徊或焦躁的动物，它们眼神迷茫，精神涣散，毫无野生动物的"野性"可言。看得出来，当时的它们一点儿也不开心，也许是想家了。"天性"是野生动物在动物园最容易缺失的。我知道，要想释放野生动物的天性，必须得让它们有一种宛如置身野外的自由感与归属感。

南京市红山森林动物园的展示方式从旧动物园的牢笼式、背景式发展到生态式、沉浸式。模拟野生动物宜居的原生态野外栖息地环境，让它们展现自然习性，将现代动物园的理念贯穿动物园的日常管理成为我们的首要工作。

现代动物园的职能不再是简单地满足游客的观赏需求，它更像是保存野生动物基因的"诺亚方舟"，通过不断提高动物的福利、激发其野性，从而实现物种的延续。

动物园也不单单起到科普教育的作用，而是要做到更深层次的保护教育（conservation education）。保护教育不仅会让人们认识到动物的生物学特征，还会让人们意识到在人、动物、自然三者关系中，不同的人分别可以做些什么。将人们保护野生动物的认知转化为实际行动，动物园的保护教育是不可或缺的助推力。

这些生活在动物园的野生动物是它们野外同类的宣传大使，也是保护教育大使。

让野生动物释放天性，才能让它们在今后回到野外时拥有更多的生存机会与能力。

保护自然的理念深入公众内心，促使公众将信念转换为行动，进而保护野生动物的栖息地，当栖息地得到保护，生态环境足够大、足够好之后，未来的动物园也就有可能让圈养动物反哺野外。随着野外生态环境保护工作的发展，即使生活在我们红山森林动物园的这一辈无法回归自然，但它的下一代、下下一代、下下下一代……也许有机会回到它们真正的家园中，这需要我们大家共同努力。

既然是大使，动物园就是它们的使馆，是它们的家园。游客来动物园，就是到动物家里来做客，每一位客人都应该怀着敬畏之心，尊重动物的"人"格。在它睡觉的时候就让它睡觉，吃饭的时候就安静地让它吃饭。对草木花鸟、猛禽小兽都怀有敬畏之心、友爱之情，人们才能不断去发现自然之美。

对于饲养员而言，既要像对待自己的孩子一样给动物无微不至的关心和爱护，又需要对它们进行专业、科学的照顾。比如，为了监测动物的健康，需要在非麻醉状态下采血、做 B 超等测量各项指标，这就需要他们之间有良好、和谐的信任关系。饲养员要尊重动物们的天性，保护它们的野性。他们之间不应是从属关系，而是平等的合作关系，这种合作关系建立在足够的爱心、耐心和细心的"三心"基础上。动物能够信任饲养员，但他们之间又不像人与宠物那样的宠溺和依赖关系，只有两者处于若即若离的平衡才是最佳状态。

公众的关注是动物园发展的动力，而动物园发展的原动力来自动物园自身，来自动物园的每一位员工和管理者对动物园存在价值的认知。本书围绕我们动物园中 13 位饲养员和他们所饲养的动物之间的真实故事展开，不知你看完这本书，会不会对动物园产生全新的认识。期待大家更多的关注与反馈。

欢迎大朋友、小朋友在空闲时来到动物的欢乐家园参与生命间的对话，让我们一齐将内心的感动化为实际行动——尊重自然，关爱动物，敬畏生命。

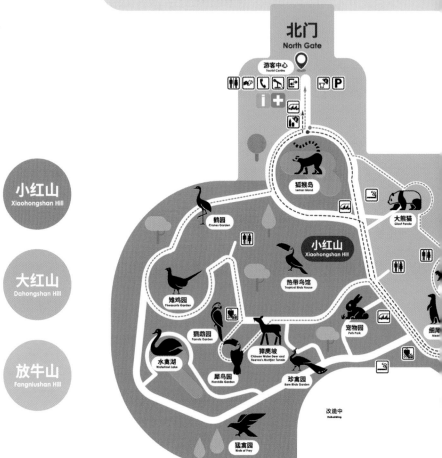

和 燕 路
He Yan Road

北门
North Gate

游客中心
Tourist Centre

小红山
Xiaohongshan Hill

大红山
Dahongshan Hill

放牛山
Fangniushan Hill

狐猴岛
Lemur Island

大熊猫
Giant Panda

鹤园
Cranes Garden

小红山
Xiaohongshan Hill

热带鸟馆
Tropical Birds House

雉鸡园
Pheasants Garden

鹦鹉园
Parrots Garden

宠物园
Pets Park

细尾
Meer

水禽湖
Waterfowl Lake

狮麂坡
Chinese Water Deer and
Reeves's Muntjac Terrain

犀鸟园
Hornbills Garden

珍禽园
Rare Birds Garden

改造中
Rebuilding

猛禽园
Birds of Prey

图例 Legend

您所在的位置
You Are Here

 出入口 Entrance And Exit
 售票处 Ticket Office
卫生间 Toilet
 停车场 Parking Lot
 游客驿站 Tourist Station

广播 Bradcasting Studio
自助售票 Automatic Ticketing
电话 Telephone
 警务室 Security
 游览车站点 Electric Tour Vehicle Stop Station

餐饮 Restaurant
商店 Shopping Area
吸烟区 Smoking Area
儿童乐园 Children's Playground
5D动感影院 5D Cinema

咖啡馆 Coffee
自动售货机 Vending Machine
游客中心 Tourist Centre
医务室 Clinic
地铁1号线红山动物园站 Metro Line 1 Hongshan Zoo Station

目录

猩猩馆始建于 1998 年，主要为猩猩展区。因安置新入驻黑猩猩，2003 年在东侧扩建了黑猩猩馆。因猩猩家族成员增加，于 2014 年扩建了猩猩馆北区。现猩猩馆占地面积约 5000 平方米，其中建筑部分占地面积约 1000 平方米。

以"把森林还给动物"为理念，将部分给游客遮阴的大树圈进动物运动场，同时安装大量原木栖架，栖架高 5 米，辅助登山绳，帮助红猩猩实现在树上活动、在树上安家的愿望。

场馆内外种植棕榈、芭蕉、滴水观音、鸢尾、八仙花等热带植物或与热带植物外形相似的植物，给游客传递红猩猩和它们野外热带雨林家园之间相关联的信息。内参观道入口图腾柱、马来西亚土著木雕人，玻璃参观面木质结构的观景亭，类似于高脚楼夸张的屋顶斜角和色彩斑斓的图案，突显东南亚常见的建筑风格，用建筑语言和文化的元素告诉游客，红猩猩是东南亚特有物种。

猩猩馆改变了以往 360 度无死角参观，游客居高临下、把动物当展品的参观模式。通过高大的栖架，让动物处于高位，游客处于低位，参观面局限在几处玻璃参观面，减少动物被围观的压迫感，保障动物根据自己的意愿有被游客看到或不被看到的自由，体现动物福利。

灵长片区的育幼室在猩猩馆二楼，与亚洲灵长馆相邻，为处于人工育幼的灵长类动物与其社群接触、社群学习以及未来回群工作的开展都提供了很多便利，也为动物福利工作提供了保证。未来我们会有新的育幼室，场地、空间以及配套设施都会很齐全。

猩猩馆

Orang-utan and Chimpanzee

场馆面积

5000 平方米

场馆位置

放牛山

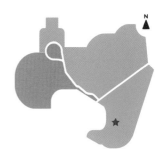

请勿敲击玻璃、挑逗动物、投喂食物！

嘿！黑——

故事讲述 / 孙艳霞

故事整理 / 袁妍晨

场景记录 / 孙艳霞（P001上·015下左1下左3）& 孙涛（P001下·009上）& 陈月儿（P003·006·009
下·010—011·018·019）& 刘伟（P004·021）& 南京市红山森林动物园宣传教育部（P012—
013）& 陈园园（P015上）& 彭培拉（P015下左2）

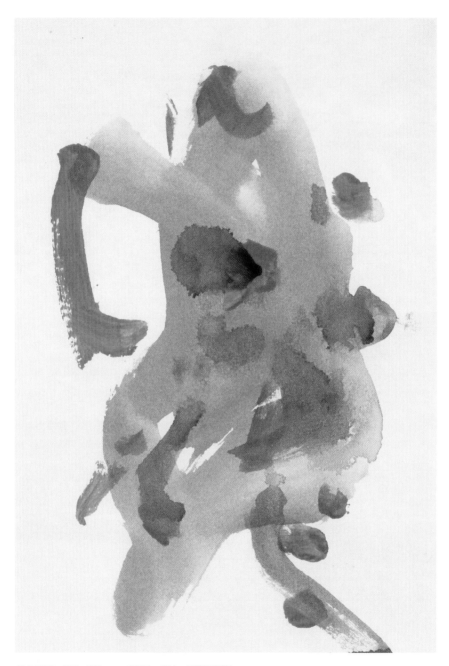

194515Z　210×210mm　2020　纸本　手指画颜料

在您眼里小黑是一个职业画家了吗？

——在我看来，应该是的，小黑的画风已经很成熟了。

未来的小黑会在您的照料和指导下创作出更多更好的作品吗？

——并不是我的指导。小黑一定会越画越好。

孙艳霞和小黑的缘分从 2015 年开始，那时候，红山动物园里红猩猩有 4 只。"乐申比较调皮，特别喜欢引起我们的注意，所以那个时候我对乖巧的小黑没有太关注。其实，乐申是第一个学会画画的。"孙艳霞回忆起乐申时显得有些惆怅，惆怅中透着一丝对往昔的怀念。

"现在的小黑年纪慢慢大了，身手已经不如以往了。我们经常会看见它安安静静地坐在栖架上，好像在思考着什么。"

"小黑年纪大了。"

小黑的妻子小律

"小黑年纪大了。"孙艳霞说道，"动物和人差不多，尤其是灵长类动物，衰老是不可避免的，毕竟它是一只 1989 年的红猩猩。"小黑看起来的确不如它的妻子小律活泼，1998 年出生的小律最爱做的事情就是在下雨天披个麻袋在葱茏的灌木丛中穿梭，玩得不亦乐乎。

"一般红猩猩在野外大多数会活到四十几岁，动物园里的红猩猩可能活得更久，活到五十几岁也是有可能的。小黑现在已经三十多了，已经算是'猩到中年'了吧。"孙艳霞看着比她年长1岁的小黑，若有所思地摸了摸自己的脸："我陪伴小黑已经有7年了吧，这7年过得还是很快的。"

到底有多快呢？可能只有孙艳霞自己能体悟到吧。她似乎很快就从时间飞逝的失落情绪中挣脱出来了。

"小黑年纪大了，但是它的作画情绪却越来越稳定，画风也越来越成熟。当它画出一幅有很大想象空间的画时，我们会非常惊喜，那种惊喜是其他任何东西都比不上的。我会期待，会想要去了解小黑的画，甚至从某种程度上和小黑的画作产生共鸣。这也许就是'岁月的馈赠'吧。"孙艳霞认真地看着远处正在吃树叶的小黑，从容地说道。

红猩猩：主要生活在亚洲南部地区的马来西亚、印尼的婆罗洲以及印尼的苏门答腊岛。红猩猩在马来语和印尼语叫作"orang-utan"，意为"森林中的人"。红猩猩与人类基因相似度达96.4%。

"训练展示区的门一直都开着。"

"一切的丰容和行为训练都以尊重动物为主。红猩猩适应树栖生活，在野外很喜欢爬树、折树枝、用树枝筑巢。小黑现在折的这棵是运动场里的活树，树被折多了会死掉的，我们很想保护这棵树，但是不能为了保护树就不让小黑上树。为了让小黑可以展示更多的自然行为，我们必须尊重它，不论是轮换运动场，还是为运动场丰容，都是为了提高小黑的生活丰富度。昨天我们系了俩轮胎给小黑玩，今天就被它卸了下来，人和野生动物的力量相比差距还是很大的。"孙艳霞若有所思地说，"灵长馆的丰容需要花费更多心思。"

"训练展示区的门一直都开着，不愿意画画的话可以选择离开，也可以自己玩儿。对于人来说，画画是一种技能；对于猩猩来说，也是如此，甚至可以提升自己的福利状态。我们一切的丰容和行为训练都以尊重动物本身的意愿为前提。大部分情况下，小黑都非常愿意画画。"孙艳霞宠溺地凝望着小黑，眼神柔和而安详。

"这个过程没有我们当初想象的困难，小律作出第一幅画时，我都震惊了，现在我的微信头像还是小律的处女作，真的很喜欢。不管是配色还是构图，整体感觉都很好。只是小律发挥不太稳定，还是学画画的初级阶段，很多时候会被颜料吸引，比如它想尝尝颜料，或者把颜料往笼网、地上画，就像一个还没完全开窍的孩子，但有些时候作出来的画又令人惊叹。"孙艳霞依旧笑着，"小黑和小律性格都很温柔，我对它们的画充满信心。"

在树上的小黑

小律的处女作

丰容（enrichment）：多项基础学科和应用科学领域与实践互相融合的综合性、系统性的工作，正是由于丰容的"包罗万象"，对丰容的定义也一直在不断修正。美国动物园水族馆协会（AZA）在1999年提出了一个更综合的定义：丰容是基于动物生物学特性和自然史信息而不断提高动物圈养环境和饲养管理技术的动态过程。丰容通过改善圈养环境和提高饲养管理实践水平来增加动物的选择机会，使动物有机会表达具有物种特点的自然行为和能力，保持积极的福利状态。在南京市红山森林动物园，画画是红猩猩特有的动物福利，也是灵长片区的一大特色。

"小黑画画随它画。"

　　"小黑画画随它画，一般都是给它很多种颜色，看它喜欢哪几种，在颜料板上让它自由选择颜色。它会画画这个事我并不觉得吃惊，我对它的智商和它的能力是有一定了解的，当时的我就相信它可以作出画来。现在的小黑作画已经达到'信手拈来'的程度了，刚开始还是非常吃力的。"孙艳霞笑得很开心，"我相信小黑画画还会带给我们更多的惊喜和快乐。小律画画的技法还有点青涩，需要更多的练习，希望它也能慢慢步入正轨，向小黑看齐吧。"

　　"小黑比较喜欢冷色系的颜料，所以我们会有意识地增加暖色系的颜料供它选择。小黑现在作画已经很熟练了。它就像孩子一样，很多画都很抽象，给它机会，让它尝试，才能知道它到底需要什么不需要什么。如果你不让它尝试的话，是没有办法知道它喜欢还是不喜欢的。"

艺术的意义到底是人赋予的还是画本身？

——我个人粗浅地认为，应该是人赋予的。

——很多时候是人去理解画作的意义，即使是人的作品也是这样的。

一谈起小黑的画，孙艳霞似乎有说不完的话。

"您会对小黑抽象的画作做一些具象的思考吗？"

"会的。我们饲养员和游客有时也会一起思考。"

"您觉得小黑的画作称得上是艺术吗？"

"有的不是，有的是，欣赏小黑的作品需要一些想象力。"

"给小黑和小律的整体画作打个分吧。"

"因为我们只有这两只红猩猩会画画，如果以它们为标准的话，那可能就是小黑 99 分，留 1 分给它进步吧。"

"但小律的发挥空间还很大，它未来有很多可能。"

黑豆在黑猩猩家庭里的生活

"黑猩猩的生活就像宫斗戏。"

"说完红猩猩，其实黑猩猩的故事更有趣！"孙艳霞神秘地说，"我从事饲养员工作这么多年来，第一次领悟到'撒娇女人最好命'这句话的真谛。"

"黑猩猩是一夫多妻的群居动物，它们的日常生活就像宫斗戏，充斥血腥和温情，力量和智慧。我们的黑猩猩家庭是一夫两妻组成的，丈夫叫小童，大老婆叫小玉，二老婆叫小珊，平时小玉会打压小珊。"孙艳霞有些激动，"有一天，我给了小童一个又红又大的苹果，小童很开心，小玉看到了也很眼馋，但它不敢上前，只能远远地眼巴巴地望着。但小珊就不一样，小童走到哪它就跟到哪，嘴巴里还不时地发出'嗯嗯嗯'的撒娇声，小童望了望它，想了一会儿，默默地掰了一半给小珊。"

孙艳霞总结道："黑猩猩一般都不是很乐意分享，有好吃的都自己吃，我几乎没看到过像小童这样的。从业这么多年来，我还是第一次看到黑猩猩主动分享食物，真的是'撒娇女人最好命'啊。"

打压

小玉　　　　　小童　　　　　小珊

黑豆　　　　　乌豆　　　　　憨豆
　　　　　单独生活

暴打

"黑猩猩爸爸不好当。"

　　红山动物园黑猩猩家事不断。"小玉生了个儿子叫黑豆，小珊的儿子叫憨豆，憨豆生下来的时候，小玉不允许小珊带，只能人工育幼。等憨豆长到 10 个月的时候，我们尝试着让它回到群体中去，引入的过程蛮艰难的，但是我们团队做到了。黑豆不到 5 岁，有些叛逆，总想挑战一切，比如暴打憨豆。"孙艳霞叹了口气，继续说道，"黑猩猩爸爸不好当啊。"

　　"每当要打起来的时候，小童就会起到很好的调和作用。这俩一叫唤，有发生争端的征兆时，小童不论在哪里都会闻声赶来，一把将憨豆护在身后，然后挥手赶黑豆。黑豆被小童赶生气了会大叫，这时小玉就会过来，小玉很强势，敢打小珊和憨豆，但不敢打小童。小玉一生气就会演变成小童和小玉互相示威，几只黑猩猩嚎叫声不断。"孙艳霞继续补充道："要想判断谁先屈服，就看谁先伸手。先做出伸手动作的，就是屈服的一方，黑猩猩向谁示弱，就向谁伸手，把手贴向对方的脸。当然一般小童和小玉不会打架，主要是小玉和小珊打架，小玉会欺负小珊，类似宫斗剧里演的那种吧！"

　　"憨豆引入的时机把握得还是很好的，但憨豆有个哥哥叫乌豆，它就没这么幸运了。乌豆也是小珊的孩子，也是人工育幼长大的，但乌豆被引入群体中时快两岁了，回到群体的过程会更加艰难。引入回去的时候是把乌豆还给小珊，但小玉不允许，后面小玉会拿乌豆发泄，

您对黑猩猩有什么想法吗？

——在我们的照料下，和它们相互信任，让它们生活得越来越好。

——说到底，再多的其他丰容和训练，都替代不了社会性丰容。

几次三番，我们尝试了很多种方法，乌豆会因为恐惧而尖叫，这样更会刺激成年个体，因此被暴打得更厉害。"

一想到这，孙艳霞的语调低沉了下来，听起来有点失落："引入时机的把握很重要，憨豆就是因为它对成年个体有依赖，所以很快就能融入。但乌豆由于人工育幼时间长，对黑猩猩群体生活的接受度、融入度很低，现在乌豆是单独生活的，对于群居动物而言，这样的生活很孤独。我们会考虑如何给乌豆更好的福利。"

孙艳霞

座 右 铭　　无
星　　座　　双鱼座
籍　　贯　　黑龙江省绥化市
专业背景　　野生动物与自然保护区管理
入园时间　　2014
工作场馆　　灵长片区
动物朋友　　大熊猫、红猩猩、黑猩猩

"教猩猩画画这件事，可以促进饲养员和动物之间的信任与互动，
而且通过小黑画画的展示，可以让更多的人了解猩猩的智慧。"

会画画的小黑

•••••• 孙艳霞

　　小黑，是一只 1989 年出生的中年红毛猩猩，它有一颗活到老学到老的心。作为智商很在线的类人猿的饲养员，我们除了尽可能地给它提供足够丰富且接近野外的栖息环境，还要每天给它一些不一样的东西，2019 年它学习了画画。教猩猩画画这件事，可以促进饲养员和动物之间的信任与互动，而且通过小黑画画的展示，可以让更多的人了解猩猩的智慧。

　　刚开始教小黑学习的时候，也是困难重重，它像我们人类的小朋友一样，好奇心强，作画之前总是想尝尝五颜六色的颜料到底什么味道。我们也担心它会误食，所以千挑万选，选中了无毒的、给小朋友使用的颜料，这样即使它偶尔好奇心作祟，作画过程中偷吃了一点点，也不用担心。小黑喜欢拿着画笔在地上、墙上、笼网上四处涂鸦。为了让小黑能成为一个"三好学生"，对于它这些调皮捣蛋的行为，我们不惩罚它、不强化它，我们采用冷处理的方式——无视它。当它在画纸上涂鸦的时候，我们会给它强化物。基于我们和小黑已经建立起的良好的信任关系，聪明的小黑很快就理解了在画纸上涂鸦这件事情，很少在其他地方涂画了。小黑现在已然是一个成熟的"画家"。对于它的画风。对于它的画风，我们一致认为是毕加索式的抽象派画作，作品的名字和内涵，读者需要发散思维才能定义。

483147A（局部） 210×210mm 2020 纸本 手指画颜料

　　绘画的时候，猩猩可以自主选择颜色搭配。小黑是一个 32 岁的"中年大叔"，性格成熟稳重，它大多会选择蓝色、绿色、黑色、棕色等颜色，故而它的大部分画作是偏冷色系的。而另一只猩猩乐申则喜欢红、橙、黄等鲜艳的暖色。我感到非常惊讶，猩猩也有自己独特的性格和偏好。现在每个周末，我们都会给小黑提供画笔和画纸，然后尊重它的意愿去选择是否作画。它似乎也一直很愿意完成这件有趣的事情，期待小黑的画作越来越多，越来越精，也期待大家的关注。

我是黑土，呼叫白云

故事讲述 / 徐晓娟

故事整理 / 袁妍晨

场景记录 / 徐晓娟（P023·028·035左3—4）& 陈媛媛（P024）& 陈月儿（P027·034·035左1—2）& 王正平（P038）

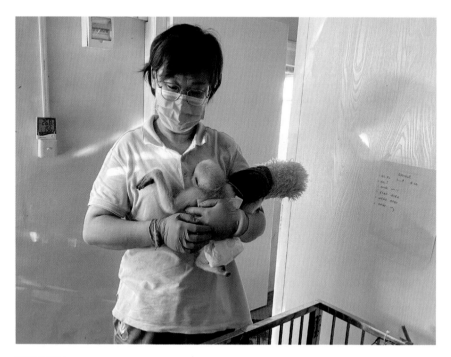

徐晓娟和黑土

您对黑土有期待吗？

——有啊，我希望它好好长大，能够迅速融入群体，

未来能够建立自己的家庭……

它还会记得您吗？

——（点头）一定会的。

鸟鸣啁啾，隔壁的蓝孔雀正在一边开屏一边开嗓，"嗷嗷嗷"地吸引了许多人的注意。最激动的就数来动物园春游的小朋友了，他们仰着一张张红彤彤的小脸蛋"咯咯咯"地笑着，追逐嬉戏，好不热闹。

"红山森林动物园之前因为客流量大上了热搜，您怎么看？"

"自从我们动物园成了网红，游客变多了，我们也想做得更好。"

你瞧，黄颊长臂猿大黑正背对着玻璃，展开修长的双臂，以大佬的慵懒姿态贴着玻璃坐着，宛如一位看透人生的智者。浑然不知玻璃窗外的黄颊长臂猿的育幼师徐晓娟正在介绍它——

"我之前养过它，它叫大黑，是黑土的姥爷，黑土的妈妈无名是大黑的女儿。"

"它叫大黑，是黑土的姥爷。"

大黑睁着黑乎乎的大眼睛好奇地向外张望，黑爪像一块大磁盘一样吸住玻璃，光滑的手掌十分可爱，眼珠直勾勾地盯着正在说话的徐晓娟，神情有些复杂，像是见到了许久未见的老友。见徐晓娟不理自己，就跑去玩前两天志愿者和饲养员们一起合作完成的"葫芦娃"丰容玩具了，玩了一会儿，它又晃回来，继续直愣愣地盯着徐晓娟。徐晓娟伸手摸了摸玻璃，就像隔着玻璃向很久不见的朋友打招呼示意。大黑盯着她看了一会儿。无声的眼神交流结束后，大黑心满意足地去玩了。

徐晓娟的饲养员工作经历从亚洲灵长区开始一直延续到现在，换句话说，她自初入红山动物园起便和灵长动物结下了不解之缘。徐晓娟谈起大黑潇洒的坐姿，不禁有些滔滔不绝："天气好的时候，它会很放松，在阳光下摊开整个身子，懒洋洋的。"

黄颊长臂猿分为北黄颊长臂猿和南黄颊长臂猿，分布于老挝、越南、柬埔寨，属于濒危等级，雌雄异色。南黄颊长臂猿与北黄颊长臂猿雄性外型很相似，但雄性南黄颊长臂猿颊部的黄色毛发中间不相连，北黄颊长臂猿的几乎连接在一起，胸部有部分毛发呈铁锈红，两颊毛发为黄色或橘黄色。"现在红山森林动物园对游客展示的黄颊长臂猿有3只，都属于南黄颊长臂猿，两只成年，大黄、大黑和他们的孩子秋实就在这里。"徐晓娟指了指笼舍内灵活的长臂猿家庭，"在本部育幼室有一只没有被展示，是我一手喂大的黑土。"徐晓娟声线温柔，提到黑土时表情像极了一位以自己的孩子为豪的母亲。

它好像认识你。

——是的，它认识，它还能区分不同的饲养员。

秋实（左）、大黑和大黄（右）一家

黄颊长臂猿出生时皮毛是明亮的黄色，皮毛的颜色在短短几个月内变为黑色，而脸颊周边的两块仍然保持黄色。变色时间因个体、营养以及环境的不同，也会有差别。雌性在性成熟时再变为淡黄色，雄性则保持黑色毛色不变。

"当时，我几乎每天都要去'折腾'兽医。"

黑土抓抱着模仿母猿的长毛绒玩具

饲养员为黑土精心准备的水果串丰容

"黑土刚到育幼室的时候很小一只，才几百克。当时红山动物园的长臂猿人工育幼技术很成熟，只是黑土的状况和其他长臂猿不太一样。"徐晓娟的表情有些严肃。看得出来她在回忆当时的一些情景。

"黑土和一般的长臂猿不太一样。一般情况下，我们会根据动物的体重科学调配配方奶的量。一般健康的长臂猿会喝完所有奶，比如我们喂奶20毫升，健康的小猿就会全部喝完，但黑土会剩下5毫升，这种情况反反复复，我特别着急。"

"当时，我几乎每天都要去'折腾'兽医，一起研究这是病理性过程还是个体差异。"徐晓娟不禁轻笑起来，紧锁的眉头也渐渐展开。"后来经过研究和分析，我们发现黑土的生长曲线和正常的黄颊长臂猿几乎一致，所以并不是健康问题导致剩奶，这只是黑土的个体差异，黑土本身没有任何问题。"

"我深信，个体都是独立的，有差异性，不论是我人工育幼的小猿，还是其他。"徐晓娟坚定地说，"可能黑土就是胃比较小，就像一些人吃得虽然不多，但是肉却一点儿没少长。"

"它不在你眼皮子底下，你就会挂念。"

"一定要时刻关注幼崽的身体状况，尤其是它刚出生的头一个月。每天早上一开门，只要进了那个门，甚至都不需要进去，你看到它在那动呢，你就会觉得紧绷的心放松了一些。"徐晓娟的眼神里透出柔和的光，"和长大的长臂猿更多的是交流，但对这些年幼的长臂猿就是挂念，它不在你眼皮子底下，你就会挂念。人刚出生的时候一般是3千克以上，但它们刚出生时只有400～500克。它们生长发育的时候，体重也是几克几克地上涨，好不容易长了一点，一生病，体重就几十克几十克地往下掉。比如说，它出生的体重是450克，生病的时候往下掉，一旦掉到它刚出生时的体重，那就接近死亡边缘了。所以，千万不要小看这几克的重量，这对于它们而言是非常重要的。"

被问及动物于她而言意味着什么时，徐晓娟回答："动物和人一样，在我眼里每一只动物就是一本书，一本写满了只属于它自己的故事的书。"这个回答有些特别，她说这些话的时候，站在树下，春风肆意地吹拂着，刚好有一片绿色的叶子掉落在她金色的眼镜架上，小小的身体似乎被笼罩上一层淡淡的光。

徐晓娟说起去幼儿园接女儿时，看到运动场上小朋友的玩具就会想起自己在动物园里的"孩子们"："有时候看完幼儿园的玩具，突然灵感就来了，我觉得我可以做，让它们感受到玩耍的乐趣，让它们感受到环境的变化，好东西永远不嫌多。比如最近我们用不同大小的两个编织球制作了7个'葫芦娃'，刚放进去的时候，我们发现大黑它们

养孩子的心态和养黑土的心态有什么区别吗？

——我觉得挺像的。

——可能前期我养孩子还比不上养黑土，

给黑土换尿不湿的次数比给我女儿换尿不湿的次数要多得多。

很喜欢，总是玩这 7 个玩具，不过时间久了，也就习以为常了。所以我们要一直求新求变，满足它们的需求。"徐晓娟温柔的目光投向笼舍内的小猿们，像极了一位在幼儿园门口翘首以盼的母亲。

徐晓娟补充道："做饲养员的这几年，我们一直不断学习，不断充电，先充实自己再掏空自己。"提到"掏空"一词，徐晓娟继续解释道："是的，就是'掏空'，有时候我们需要花很多心思去实现一些东西，由于圈养环境的局限性，我们必须在这片小天地中尽可能地提供变化，让动物能够选择，让它们表现出野外的自然习性。"

"但也许它在圈养环境下的状态也会衍生出一些野外没有的行为，这些也并不是不正常。我们需要去满足它的行为表现。在一个没有那么大的空间里尽可能地还原它的行为，丰富它的生活。"徐晓娟显得有些激动，可以看得出来，她想要表达的东西还有很多。

"学习是个没有尽头的过程。"

"饲养员这个职业时时刻刻都在接受挑战，专业知识只是一方面，有时候饲养员会的东西越多，能够给予动物的也就越多，毕竟我的局限就决定了动物的局限。所以，学习是个没有尽头的过程，一名合格的饲养员需要不断吸收知识，不断将知识内化并反馈给自己的动物们，这就是在充实自己，然后掏空自己，再又继续充实自己，这是一个正向的反复循环的过程。这不论是对动物，还是对动物园，还是对我们饲养员本身，都是一件非常好的事情。而且现在游客的素养也在稳步提升。"

"动物园里的游客有什么变化？"
"游客的素养在提高，不再是走马观花那样看。"

"再过几年一定会越来越好吧。"
"会越来越好的，随着保护教育工作的开展和深入，会有越来越多的人理解如何对待动物，如何与动物相处。"

"现在动物保护还是做得很好的。"
"是的，我们也在努力传递对待动物的正确价值观。"

"在您育幼的过程中有'初心'这一说吗？"
"每个人的初心建立的时间是不一样的。但这份初心一旦有了，就只会增，不会减。"

是什么支撑着您从事育幼工作的呢？

——其实也没什么，可能真的让你去做这件事了，你就会去尽全力做了。

徐晓娟

座 右 铭	学无止境，贵在坚持
星 座	摩羯座
籍 贯	江苏省徐州市
专业背景	动物营养与饲料科学
入园时间	2018
工作场馆	灵长片区育幼室
动物朋友	黑猩猩、红猩猩、狨猴、长臂猿、金丝猴、黑叶猴、合趾猿、山魈、 熊猴、猕猴、孔雀

"对于每一个人工育幼的个体，育幼方式都是不可完全复制的，
因为每一个个体都是独一无二的。"

我的小猿

徐晓娟

——生活不止尿布与奶瓶

　　灵长片区的育幼室是一个很神奇的地方，我习惯把它比喻成保护经历磨难的幼猴的"诺亚方舟"。人工育幼的动物需要在育幼室度过它的婴儿期，来这里的小伙伴通常是被母亲遗弃或病弱需要疗养的个体。

　　一般母亲遗弃幼仔最常见的情况有两种：一种是母亲产后体弱无法照顾幼仔；一种是母亲第一次生产没有哺育经验，将新生幼仔置于一旁不理会。被遗弃的幼仔由于自身体温维持能力差又喝不到奶，所以只能将其带到育幼室的恒温箱里喂养，再逐渐从恒温箱过渡到小网笼内喂养，待到幼仔可以完全独立生活时，再尝试将它放回群体里。回群这一步的实现可能要前后经历很漫长的时间，但这正是我们保证动物福利最关键的技术点。

育幼室里灵长动物中，我印象最深的当数黄颊长臂猿"黑土"了，因为它是我接收的第一只小猿。它的名字起得有点土，但是人类都说"赖名好养活"，我想这在小猿身上应该也适用。

黑土的姥爷叫大黑，妈妈是大黑的女儿，叫无名。

黑土刚到育幼室恒温箱里的时候，我就给它准备了一个供它抓抱的长毛绒玩具，毛绒的触感与母猿很接近，我们尽可能地模仿母猿抱小猿的姿势，让黑土找到自己时刻依偎在母亲怀里的感觉。尿不湿在小猿出生后的第一个月里起到了很好的保护作用，不仅卫生而且还能护住黑土的腹部，让它不会着凉。

随着黑土一天天长大，慢慢地，它的行为也从一开始的趴卧逐渐变得丰富——仰躺、翻身、爬、双臂主动抓握高处横杆、简单的臂荡等。

为了让黑土将来能够成为一只真正的猿，为了让它有自信地出现在同类面前，我们还在育幼箱里给它定制安装了一个横杆，供它抓握锻炼，为以后的臂荡做准备。在它离开恒温箱到了更宽敞的网笼后，我开始着力为它创造更有利于它行为发育的环境：比如摩擦力强且有助于锻炼前爬的地垫、高度适宜的攀爬栖架、垂吊的麻花软绳以及应季树叶等。黑土从不敢到尝试到适应环境，它的生活变得越来越充实。

记得有一次，我看到黑土开始在我搭建的 50 厘米高度的栖架尝试臂荡行为，我高兴坏了，居然脑子一热第二天就把栖架从 50 厘米调到

黑土（左）正在经历变色

了 70 厘米，结果黑土一整天都没有臂荡。第三天我又重新将栖架高度调回到 50 厘米，它又开心地玩耍臂荡起来，似乎比第一天还要灵活，这一刻我才意识到有些父母的"拔苗助长"是不理智的做法。

除了环境在不断变化，黑土的食物也越来越丰富。从单调的奶粉逐渐过渡到单一辅食的添加，再到辅食的多样化，这一点和人类婴儿很像。当食物变得更丰富时，我会按照它的行为发育特点逐渐调整给予它食物的方式。

一开始黑土只会弯腰直接用嘴接咬食物，不会用手拿，所以基本都是将大块的食物固定在内网上，同时它睡觉依偎的"毛绒妈妈"也不能离食物太远，这样黑土才会愿意过来尝试啃咬。

突然有一天，我发现它会自己用手拿掉在下面的食物，我就开始有意提升取食的难度，延长每次取食的时间，这也丰富了它的日常生活乐趣。

黑土现在成长得很好，不过，对于每一个人工育幼的个体，育幼方式都是不可完全复制的，因为每一个个体都是独一无二的。

亚洲灵长馆位于南京市红山森林动物园放牛山，在原先的灵长二三馆位置上改造而成。原灵长二三馆占地面积约 300 平方米,有笼舍顶网老化、房顶漏雨、墙体脱落、地面积水严重等问题,动物居住环境较差,也存在严重的安全隐患。2017 年底起,南京市红山森林动物园对其开始进行围挡施工,新场馆经过 10 个月的工期建成,更名为"亚洲灵长馆"。亚洲灵长馆增加了安全性基础设施、保护教育设施,对原有笼舍进行维修出新:室内按冬季可参观的要求,对采光、通风、丰容、加温等设施进行统筹规划;室外扩大了动物活动空间,增加绿植和动物活动设施,利用天然山体地形优势为动物创造良好的生存空间。

　　亚洲灵长馆占地 3500 平方米,居住着黑叶猴、长臂猿、川金丝猴、熊猴等多种珍稀野生动物,它们在新场馆中有着专属的"豪华生活配套设施":3 个内展厅、8 个展示运动场、13 间卧室、6 个非展示运动场和 1 间训练展示区。其中馆舍最高高度达 9 米,最大一间内展厅是面积达 120 平方米的"套房"。由于分布在亚洲不同地区的灵长动物栖息地不尽相同,气候从热带跨越到亚热带、温带,生活环境也从森林灌木到山石岩洞各有千秋,因此在设计建造时,不仅模仿喀斯特地貌在墙壁上堆砌错落的岩洞,种植大量的热带、亚热带棕榈科、槟榔科、凤梨科植物,还打造了大型栖架供动物攀爬、玩耍,增加水池、生态木屑池。场馆的最大亮点之一是强调了游客的"沉浸式"游览体验。亚洲灵长区动物大多生活在树上,新场馆也相应加高游览路线,将参观通道设置在二楼。由此,场馆内,猿猴在原木搭建的多组不同造型的大型栖架上攀爬玩耍,在树顶端、树间追逐打闹;场馆外,游客走在高高的木栈道上,得以与猿猴"平起平坐",共享"树冠层之旅",将动物行为一览无余,让他们如同置身猿猴家园,感受原生态动物和原生态大自然。

亚洲灵长馆
Primates of Asia

场馆面积
3500 平方米

场馆位置
放牛山

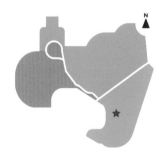

注意
事项

······

请勿奔跑、敲击玻璃、
攀爬护栏及投喂食物！

一见"三怜"

故事讲述 / 洪立同

故事整理 / 袁妍晨

场景记录 / 陈月儿（P041左上左下右下·043·045·046—047·050·054·055）& 洪立同（P041 右上）& 王宇（P053）

洪立同个子不高，爱笑，头发自然卷，眼睛里投射出温柔的光，声音也很有磁性，无形中给人一种亲切感。他介绍亚洲灵长馆的长臂猿们就像在介绍自己的孩子，用慈爱的目光注视着在运动场内飘来荡去的怜怜和三叮——"三怜"夫妇是红山动物园的一对白颊长臂猿。在介绍它们的过程中，也有游客按捺不住加入讨论——"原来怜怜是个'耙耳朵'啊！"

"是的，怜怜怕老婆是很明显的。"洪立同笑得很开心，说道，"三叮像个女王，自信放光芒，吃饭都是不紧不慢、不疾不徐的。怜怜不敢去打扰女王用餐，一直都是等三叮吃完，才会进食。仔细看，你会发现怜怜作为雄性体毛长而粗糙，以黑色为主但在其两颊处长有较长的白毛，头顶还有一撮耸立的长毛，但是雌猿三叮没有。和它们相处下来最打动我的、记忆最深的就是怜怜保护我的那一次，真的被感动了，动物也是有感情的，灵长类动物更是，做灵长馆的饲养员很快乐。"

"您没做饲养员之前怎么看待动物饲养工作？"

"大学学的是动物科学，就是养殖家畜家禽，跟饲养野生动物不一样。家禽就是希望它们多吃点，长快些，但现在第一准则就是动物的身心健康。"

饲养动物以来您的生活有什么变化？

——我拍了很多照片，手机内存越来越大，从 64G、128G 到 256G。

您手机里女朋友照片多还是动物照片多？

——动物多吧，我女朋友说"我的手机里全是你，你的手机里全是动物"。

趴在景观石上的怜怜

"给怜怜和三叮喂食的顺序很重要。"

洪立同和三叮、怜怜的初见故事发生在高淳，那时候的洪立同还是一个新手，对怜怜和三叮的脾性一无所知。

"我当时去喂食是亲手喂的，同事惊异于怜怜竟然没有欺负我是新人而抓伤我。"洪立同补充道，"怜怜平时非常凶猛，除了在三叮面前俯首帖耳以外，在饲养员这边怜怜一直都是最不好惹的。我反思了一下亲手喂食成功的原因后发现，给怜怜和三叮喂食的顺序很重要。怜怜一直是妻管严，被三叮压迫得厉害，但我先把食物给怜怜，再喂三叮，它会觉得自己被重视了，在它心里可能'先给它'这个动作表明，它在我这里比三叮更重要吧，让它感受到了爱。"

"白颊长臂猿的爱情一般都是从打斗开始的。一只长臂猿容易因为孤独而产生刻板行为，很多时候可能历尽千难万险，才终于找到一只长臂猿可以和它一起搭伙过日子。我们的白颊长臂猿三叮比较强势，雄性偏弱势，长臂猿的家庭地位得看它的体型以及战斗力，谁打架厉害谁的地位就高，弱的那一方就听强的。"洪立同对长臂猿的家庭结构非常熟悉。

他接着说道："长臂猿的家庭地位一般是固化的，一般来讲，长臂猿在恋爱期就已经确定了谁强谁弱的地位，以此来获得优先进食的权利，这是轻易不会改变的。但也有少数情况，这种案例非常少见，比如我们的黄颊长臂猿大黑大黄，大黄生孩子之前处于弱势地位，但生完孩子之后，可能是因为母性还是其他什么原因，大黄就变强势了，家庭地位明显提升。"

"投喂比往年要少，但依旧存在。"

二层栈道设有无玻璃展区，游客能近距离观察动物，但这里也是投喂"重灾区"

　　说起投喂现象，洪立同非常无奈："投喂现象是个难题，希望游客可以理解投喂的害处，不要再投喂了。"

　　洪立同说："一上班就会担心游客投喂、翻越栅栏或者挑逗动物，现在比之前要好很多了，大家游园的整体素质都有所上升，但不排除还是会有极个别的攀爬护栏的现象出现。投喂比往年要少，但依旧存在。以后应该会好很多。我们也会尽可能地向游客说清楚投喂的危害，试图让他们接受现代动物园的理念，支持动物园的工作。等小朋友再长大一些的话，投喂现象会更少，但完全消失还不太可能。"

就目前已积累的饲养经验而言，您对自己有什么想说的吗？

——关于动物这方面的知识太多太多了，我还是太浅薄了。

您对自己的要求会不会有点高了？

——我做得还不够好，有些时候心比较大，

可能不如女生心思细腻，做事细致。

　　洪立同谈起"投喂"这个话题有些滔滔不绝："曾经有个游客，我跟着他在亚洲灵长馆走了一圈，又在猩猩馆走了一圈，他走哪喂哪。我当时脾气太好了，反复跟他说不要喂了，后来他听腻了不耐烦地提着桶走了。还有一个大爷，炒股的，周日股市休息，从亚洲灵长馆到猩猩馆天女散花似的，挨个逗，逗完了拍拍屁股走了。喂饱之后，动物就不回笼舍了。更过分的是，有些人甚至把家里的过期食品带过来投喂动物。灵长馆的投喂现象一直都很严重，灵长类动物非常聪明，智商比一般动物高，它们在吃到游客投喂的东西之后就明白了人类口袋里的东西口味丰富，慢慢地它们甚至会诱导游客投喂自己。"

"如果它的伤没好的话，我的心就总是悬着。"

"我的日常心情会受它们的影响，如果动物都好好的，我的心情也会很好，但有动物受伤或生病，我的心就悬起来了。"洪立同站在那，静静地注视着三叮和怜怜，三叮和怜怜正在笼舍内自由活动。

洪立同似乎想到了什么，说："比如，动物之前有过外伤，虽然可能对于野生动物而言，这只是小小的皮外伤，但在我看来伤口还是很大，就会很担心。这时候老师傅安慰说'不用担心的，我们这边的兽医水平很强的'，但毕竟我饲养的动物受伤了，我就会时时刻刻想着它的伤口有没有恢复好，会特别关注这只受伤的动物。如果它的伤没好的话，我的心就总是悬着，没法儿落地，时刻想着它，吃食怎么样，排泄物怎么样，精神状态怎么样……"

您抱着什么样的心情去面对动物的生老病死呢？

——大家想得都很好，都希望自己所饲养的动物能够寿终正寝。

——但是动物跟人一样，有生老病死，我会伤心难过，也会总结经验。

——动物给你带来的东西很多时候都是出乎意料的，还是要积累经验，
更加细致地去观察并发现它们的点点滴滴。

三叮和怜怜

洪立同

座 右 铭	奋勇拼搏，展现自我
星 座	水瓶座
籍 贯	安徽省马鞍山市
专业背景	动物科学
入园时间	2018
工作场馆	亚洲灵长馆
动物朋友	黑猩猩、红猩猩、长臂猿、金丝猴、合趾猿、熊猴、孔雀

"日复一日，我和'毛孩子们'就这样朝夕相伴，相互关怀。"

播种与收获

······ 洪立同

大家好，我是来自红山森林动物园亚洲灵长馆的饲养员洪立同。

2018 年 8 月我初到动物园，在猩猩馆工作，后来 2018 年 10 月亚洲灵长馆开馆时，我就跟着动物们一起来到了这里。我之所以选择成为一名野生动物饲养员，是因为从小就对动物世界充满了无限好奇，观察苍蝇洗脸，研究蚂蚁搬家，胳膊上绑两片纸盒模仿蝴蝶曼舞。

浓厚的兴趣与爱好促使我选择了这个行业，现在在亚洲灵长馆里我照顾着无比珍贵的动物：合趾猿、川金丝猴、白颊长臂猿和黄颊长臂猿等。它们与众不同，各自的生物进化史更是天壤之别，为了照顾好它们，我线上线下双管齐下，线上搜索各种文献、观看纪录片，线下阅读书籍，不断汲取师傅们的饲养经验。做这一切只因深爱着它们。

在日常的工作中，经常会遇到游客指着长臂猿说这猴子真好看，或者说这猴子这么灵活啊！说到或者看到灵长类动物，大家第一反应就是猴儿。但是长臂猿是猿，金丝猴、熊猴是猴，它们不是一码事。长臂猿的智力水平要比猴高很多，我们称之为类人猿。类人猿和猴有一个非常明显的区别：猴儿有尾巴，猿没有尾巴！哈哈，这个知识点每年从我口中要说出近千次，自己都有点腻了，不过我还是要和大家分享，虽然它们没有了尾巴，但当上帝给你关上一扇门的同时也会给你打开一扇窗,猿的智力可有了不小的提升!相当于人类儿童2~4岁,正是处于调皮但又懂得爱与被爱的阶段。

照顾这些高智商的动物既充满挑战,也充满乐趣。我饲养的一对白颊长臂猿,雄性那只叫怜怜,平时就特别机灵、特别闹腾,偶尔也会瞄准时机蹦跶蹦跶吓唬我们。而它的老婆三叮文静聪颖,温柔兼具威武,在家庭中可是大姐大。

我记得有一天中午我正在给三叮和怜怜喂午饭。当时三叮正安静地从我手中拿过美味佳肴,忽然一道黑影从远处袭来,那是怜怜从远处荡来,我虽熟知它的调皮捣蛋,但心里依旧像打鼓一样"咚咚"作响。此刻的三叮立刻推测出怜怜的意图,回头迅捷地一巴掌就把怜怜拍停在突进的路上,一个不怒自威的眼神就将怜怜吓退,似乎在说着:"就算是我老公,也不能欺负我奶爸。"那一刻我感觉它的一巴掌不仅拍在了怜怜这个小淘气包身上,更拍在了我的心上,感动得我一时无法言语。看着委屈巴巴的怜怜,是又好气又好笑。等怜怜坐定下来,我也拿了一块食物递到它手上,安抚它的情绪,也鼓励它收敛些许淘气。

日复一日,我和"毛孩子们"就这样朝夕相伴,相互关怀。我尽力提升它们生活的丰富度,对它们开展各种正强化的行为训练,为它们提供合理的饮食,观察它们的各种行为,陪伴着、照顾着它们,而它们也将爱源源不断地反馈给我,更是让我爱得深沉。

知所从来,方明所去,砥砺前行,不忘初心。

猿鸣啼不住

故事讲述 / 陈媛媛

故事整理 / 袁妍晨

场景记录 / 南京市红山森林动物园（P059）& 陈园园（P063）& 陈媛媛（P064·069）& 陈月儿（P070·071·072—073）

春天的红山动物园里是漫山遍野的绿，青涩的橡果还牢牢地长在枝丫上，清晨的露水还停留在绿油油的枝叶上，阳光碎成一道道金色照向山间舍内。

　　亚洲灵长区的清晨便从白眉长臂猿的啼鸣声开始，哦，对了，还有饲养员的喊声和笑声，从很远的地方就能听见白眉长臂猿饲养员陈媛媛的笑声："果果！多多！开饭啦！哈哈哈哈哈哈哈哈……"

　　笑声爽朗，带着银铃般的清脆与甜美。

您向往"白眉夫妇"这种神仙眷侣式的爱情吗？

——挺向往的吧！

人类会对爱情这么忠贞吗？

——它们的世界很单纯，人可能做不到这些。

"果果是女生，多多是男生。"

到 2020 年 4 月，陈媛媛饲养这对白眉长臂猿已经 1 年多了，她说："来灵长馆之前就听其他饲养员说灵长类动物通人性，它们的感情很丰富。原来的我以为这都是假的，后来得见'白眉夫妇'啼鸣对歌的场景，才知道果真如此。"

果果和多多是一对白眉长臂猿夫妇，是灵长馆内少有的性格温和的长臂猿，它们一直都很恩爱。"果果和多多是东白眉长臂猿，果果是女生，多多是男生。通过毛色就能区分出它们来，浅色的是妻子果果，深色的是丈夫多多。"陈媛媛说这些话的时候，眯着眼，笑呵呵的，她感慨道："动物的爱情不掺杂其他东西，令人心驰神往。"

"果果和多多遇到它们喜欢的食物，会表现得很兴奋。在等待我给它们食物的时候，它们会发出'欧欧欧'的叫声。"陈媛媛模仿长臂猿的叫声时有些可爱，"拿到食物时，它们会把嘴巴塞得满满当当，左手拿一个，右手拿一个，两只脚也要钩着俩，希望能够优先吃到最好吃的东西。"

"不过灵长馆的动物危险系数还是比较高的，行动敏捷，平时我们上班的时候都会打起一百二十分的精神，谨慎操作。"陈媛媛认真地介绍道。

白眉长臂猿"多多"

"一个人就会显得很孤单了。"

"长臂猿家族大多是一夫一妻制，"陈媛媛说，"它们需要家庭生活，享受夫唱妇随的快乐，尤其是成年的长臂猿，一个人生活也会无聊、寂寞。"

说这些话的时候，她静静地凝视着"白眉夫妇"——此时的多多正在帮果果理毛，动作轻柔，陈媛媛的眼神也愈发柔和。笼舍里的长臂猿都是成双成对的，"灵长类动物等级森严，长幼有序，关系稳固且单纯。'白眉夫妇'在一起久了之后，连神态动作都几乎一致，默契度满分。有些人类夫妇可能尚且做不到这样"。

"'白眉夫妇'的感情也不一直都是相敬如宾，有的时候果果凶一点，有的时候多多凶一点，但我们这边好多'妻管严'，雌性长臂猿都特别强势。有一些堪称'悍妻'，每天早起就要暴打它老公一通。"

"但果果和多多这一对比较平等，如果果果累了，多多就会帮果果理毛，反过来也是一样的。"

陈媛媛指着笼舍内另一对"女强男弱"典型的长臂猿夫妻说："你看，妻子的毛整个就是爹开的，没有那么顺，特别怕老婆的雄性长臂猿一般都畏畏缩缩地待在角落里，家有悍妻没办法呀。"

陈媛媛笑得很开心，眼睛弯弯的，亮亮的。

"两岸猿声啼不住，轻舟已过万重山。"

　　说到猿鸣，就会让人想起李白的"两岸猿声啼不住，轻舟已过万重山"，陈媛媛听到这首诗觉得很亲切，她说："其实鸣啼是所有长臂猿都有的一个重要且特殊的行为。"

　　达尔文在他的《人类的由来及性选择》（1871）中写道："史前人类用声音发出带节奏的旋律，就像每天长臂猿在做的那样，那是在唱歌……这种方式可以传递多样的情绪。"陈媛媛对此十分赞同："是的，其实猿鸣除了吸引异性以外，还有对外界宣告领地、彰显自身身体条件以及家庭稳定的关系等——鸣啼的功能意义很多的。"

清晨，长臂猿的鸣叫多是由雄性发起，雌性配合，甜蜜对唱。听老饲养员说，每一种长臂猿似乎都有属于自己群类独特的流派唱法。"太阳一出来，'甜蜜对唱'会变成'大合唱'，一般是果果先唱，多多随后加入，唱到高潮部分，果果和多多会激动地在树上上蹿下跳。"

"人有临终关怀，动物也应该有。"

谈到从事饲养员工作以来喜怒哀乐的变化，陈媛媛表示："当我迎接一个新生命的诞生时，我会打心眼里开心，为它感到高兴。"陈媛媛的眼睛亮晶晶的，联想到的"生"的快乐弥漫在空气中，空气里的味道也变得甜甜的。

但旋即，陈媛媛眼睛里的光亮有些灰暗，她似乎想到一些不开心的事情，"生"的对立面是我们不得不面对的"死"的话题——

"我以前是养袋鼠的，养了三四年的袋鼠。有一次，我饲养的袋鼠病得很重，当时的我觉得很无助。但是我们饲养员没有放弃，兽医也没有放弃，没有人愿意放弃，我们一直坚持治疗到最后。可是依旧无力回天，那是一种很无力的感觉，这种无力感很磨人。看着它一天比一天虚弱，自己却什么也做不了，那段时间我甚至不敢跟它对视。"陈媛媛目视远方，思绪似乎也飘远了。

"人有临终关怀，动物也应该有。"她吐露出自己的想法，"我觉得动物不知道自己的生命已经到尽头了，但是我们知道。"

"之前有一只年纪很大的袋鼠，20多岁，牙齿掉光了。我每天都尽量把食物切得细碎，让它进食更方便一些，希望它尽可能地吸收营养，尽可能地储存体力，尽可能地活得久一点再久一点……"陈媛媛的语调变得有些低沉，情绪显得有几分低落。

　　"之前还养过一只小家伙，我们都喊它'小坚强'，当时它妈妈遭遇了意外，从育儿袋里出来的它机智地去了另外一只袋鼠妈妈的育儿袋里，那只代理的袋鼠妈妈也有很强的母性，愿意让它吃自己的奶，现在'小坚强'成长得很好，长得又高大又帅气哦！"

　　　　　　　　　　　　　　那你的成就感应该很强吧？

　　　　　　　　　　　　　　　　　　——这不是我的成就。

　　　　　　　　　　　　　　　　　　——这是它自己的成就呀！

陈嫒嫒

座 右 铭	没有横空出世的运气，只有不为人知的努力
星　　座	水瓶座
籍　　贯	江苏省南京市
专业背景	畜牧兽医
入园时间	2016
工作场馆	亚洲灵长馆
动物朋友	袋鼠、鹤鸵、黑天鹅、鸸鹋、长臂猿、金丝猴、黑叶猴、合趾猿、熊猴、孔雀

"如果说这世间真的有不离不弃、生死相依的爱情，
那我们长臂猿的爱情一定会被世人永传唱。"

正强化行为训练"手"的定位

模范夫妻"白眉夫妇"的爱情

　　如果说这世间真的有不离不弃、生死相依的爱情，那我们长臂猿的爱情一定会被世人永传唱。我是白眉长臂猿果果，我一直相信，我的意中人会是一个盖世英雄，它会在万众瞩目下，身披金甲圣衣，脚踏七彩祥云来娶我，而那个人就是我的丈夫——白眉长臂猿多多。

　　我和多多从小就生活在一起，两小无猜、青梅竹马。爱的种子，也就从那时起悄悄萌发。春天，我们一起看红山的小草发芽、果树开花；夏天，我们一起在烈日下分享美味、可口的大西瓜；秋天，我们一起踩落叶、听着橡果落地噼噼啪啪；冬天，我们依偎相拥、等小雪花慢慢落下。今年是我们一起携手走过的第十一个春秋冬夏。你听，我们幸福的歌声传遍整个红山脚下。

　　可是天意弄人，在一次玩耍时我的手指受伤，需要进行缝合治疗，还需进行长达 1 个星期的护理康复。可这就意味着我们将要分开一段时间，走时，我千叮咛万嘱咐，让多多在家乖乖吃饭，只是一个小手术，等我回来就好。可听说多多没有乖乖听话，饭也不好好吃，觉也不好好睡，我一边接受治疗，一边牵挂千里之外的多多。我的奶妈为了让我放心养伤，千里传音，合趾猿、黄颊长臂猿纷纷送来慰问，我在病房里四处张望，期待与多多对歌。

"果果，等你回来、等你、等你……"歌声虽简短，却有着数不尽的相思，我应声歌唱附和"等我、等我、等我……"遥远的你不知能否听见。

伴着每日的相思想念，我终于可以出院啦。我又见到我日思夜想的多多，在奶妈的帮助下我整理了一下妆容，远远看见多多的背影，便迫不及待地高声歌唱，朝它飞奔而去。多多见到多日不见的我，也纵身一跃，一把把我揽入怀，我们一起纵情高歌、互诉衷肠……

"果果，你终于回来了。"
"嗯，多多，你有没有乖乖吃饭睡觉？"

"手指都好了吗？"
"都好了，全好啦！"

"那我们以后再也不分开好吗？"
"嗯，再也不分开……"

狨猴馆位于澳洲区附近，建于 2016 年，从最初只有赤掌柽柳猴，发展到拥有赤掌柽柳猴、普通狨、金头狮面狨和棉顶狨 4 种狨猴，还有六带犰狳、中美毛臀刺鼠等各种南美洲动物的场馆。

室内 2 个玻璃面内展厅，室外 4 个外展区除了一侧面是玻璃面其余均为与外界相通的网格面，是狨猴晒太阳的好地方，4 个外展区分别展出 4 种狨猴。展区内饲养员给它们搭设了纵横交错有粗有细的栖架，高处栖架更多些，满足了狨猴喜欢在高处活动的天性；此外还配备了食盆架、吊篮、取食器、饮水器、木巢箱、木平台、绳梯、轮胎、PVC 管等设施，满足了狨猴食住行、活动和休息等各方面需求。室内狨猴每天通过圆柱形网状空中通道外放到外展区，1 条总通道上有 4 个分支分别通往 4 个外展区，经过行为训练的狨猴们能根据饲养员的指令完成外放和收笼，听到哨音就跟着饲养员从通道到达相应外展，下午再从外展出来走通道原路返回到室内，每天按时上下班。

六带犰狳、中美毛臀刺鼠的外展区与澳洲区鹈鹕的展区相邻，从澳洲区甲板上向下看能看到一个下半部分水泥墙、上半部分绿格网围起的方形区域，它们室内的笼舍在甲板下面，与外展区相通。外展区的地面布置有可以躲藏的陶缸和半圆形草洞，饲养员定期给草洞更换表面的绿叶装饰，地面是天然土壤，植物生长茂盛，不过犰狳所在的右侧展区由于经常被翻土，植物没有左侧展区那么多。

目前，狨猴馆面积不大，是临时改建的区域，动物园正在建设新的冈瓦纳场馆，未来这些南美洲动物都会搬去这个更高级的新场馆。

狨猴馆

Marmosets

场馆面积
400 平方米

场馆位置
放牛山

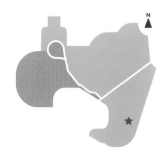

注意
事项

请勿敲击玻璃
及投喂食物!

绒猴？ 狨猴！

故事讲述 / 顾逸如

故事整理 / 张静雅

场景记录 / 陈园园（P077左上）＆ 南京市红山森林动物园宣传教育部（P077右上·083右）＆ 陈月儿（P077左下右下·079·083左·084·088—089·092·093·096）＆ 张静雅（P080）

友情提醒

我们是可爱棉耳狨

不喜欢独居喜群居

在阳光明媚日子里

室外我们会经常去

外面温度 18℃~30℃为最佳

它们会叫吗？

——会呀，叫声很大，可以算是太吵了。

——有的游客从外面听，以为是鸟叫。

狨猴展区是一个短而缓的坡道，两侧分别设置了 2 个内展室和 4 个外展室。右侧的外展上方悬挂着一个手写告示牌，十分吸引人的目光。每句话的首字大写，又被明晃晃地描粗出来连成一句话："我不在室外。"

那么狨猴在哪呢？

正像牌子上写的，如果温度没到 18℃，或者超过了 30℃，饲养员就不会让狨猴在露天的室外展出。因为狨猴怕冷，冬天时会努力靠近暖气片，并抱成一团；夏天又很怕热，会四仰八叉地躺在那里，把自己摊成一张大饼。

有的狨猴需要休息，有的有点胆小，如果你来得巧，一般能够在 2 个内展室中看到它们。

"狨猴馆是个年轻的场馆。"

为了方便，人们通常把所有灵长类动物都称为"猴"，对动物了解更多的，还知道"猩猩"和"狒狒"。但其实灵长类动物还划分出很多种目，狨猴是灵长类的。狨的分类也相对复杂，每一属种又各有不同。

狨猴，还有人叫它们"拇指猴"。猴如其名，狨猴是世界上最小的猴子。它们大部分体型略大于松鼠，可以很容易地被放入衣袋中。它们普遍脑袋圆圆的，毛发稀疏，黑曜石般的小眼睛总是充满好奇和戒备，紧紧盯住四周来客，给人小巧又精致的感觉。

红山的狨猴馆建于 2016 年，那时，全国没有几个动物园饲养狨猴。红山最初只饲养了几只赤掌柽柳猴，它们的体毛以黑色为主，4 个脚掌周围和身体后半部长了些金色毛发。赤掌柽柳猴有点怕人，见到人来就小心地盯着你，一副怯生生的样子。

如今狨猴馆里已经入住了 4 种狨猴，还包括六带犰狳和中美毛臀刺鼠等各种南美洲动物。其中狨猴的数量仍是最多的，种类上除了最初的赤掌柽柳猴，还有普通狨、金头狮面狨和绒顶柽柳猴。

普通狨是狨猴属的典型物种，属于新世界猴。它们的毛色呈灰色，耳边常长着一簇白色"麦毛"长发，因而又有棉耳狨猴之称。它们的前额有白色印记，脸部无毛。

赤掌柽柳猴   普通狨

赤掌柽柳猴：体重范围在 400～550 克。主要在树上攀爬和跳跃，能够从 20 米高的位置跳下并安全着地。它们一般 4～15 只成群活动，孕期时长 140～170 天，一般每胎生育两仔。野外生存寿命大约为 10 岁，圈养条件下可达到 16 岁。

普通狨：体长通常为 180～188 毫米，重量在 236～256 克，雄性个体略大于雌性个体。普通狨一般以 4～15 只组成一群，群体中有较严格的等级观念。它们常在白天活动，主要在树上进行攀爬和跳跃。雄性性成熟期为一年，雌性在 20～24 个月不等。普通狨多为一夫一妻制，孕期大约在 150 天，每胎一般产两仔，寿命可至 10 岁。

新世界猴：又称新大陆猴，因在美洲新大陆被发现而得名。新世界猴包含分布在美洲热带地区的灵长类动物的五个小目，包括：狨科、卷尾猴科、夜猴科、僧面猴科和蜘蛛猴科。

金头狮面狨

绒顶桎柳猴

金头狮面狨：体长在 23 ~ 34 厘米，体重在 480 ~ 700 克。它们喜爱集群生活，每群 2 ~ 16 只不等，多为 3 ~ 4 只。每年 6—9 月是它们的交配期，群体中一般只有一名雌性拥有交配权，孕期为 130 天左右，每胎 1 ~ 4 仔不等，通常为 2 仔。金头狮面狨的最高寿命可达 18 年。

濒危物种红色名录来自于国际自然保护联盟（IUCN），每年评估数以千计物种的绝种风险，旨在评估动植物及真菌的保护状况。经过全球性评估后，将各物种分别列入以下 9 个列别：绝灭（EX）、野外灭绝（EW）、极危（CR）、濒危（EN）、易危（VU）、近危（NT）、无危（LC）、数据缺乏（DD）、未评估（NE）。

濒危野生动植物种国际贸易公约（CITES）于 1973 年 6 月 21 日在美国首都华盛顿签署，即《华盛顿公约》，旨在通过规管国际贸易以保护野生动植物。受保护的物种将分别被列入 3 个附录中，适用于不同的管理办法。

绒顶桎柳猴：体长多为 21 ~ 26 厘米，体重在 350 ~ 450 克。每个群体一般有 3 ~ 9 只，孕期为 180 天左右，公猴和母猴共同照顾小猴，正常饲养的狨顶桎柳猴寿命可达到 15 年以上。

金头狮面狨是狨类中体型最大的，在世界自然保护联盟和《华盛顿公约》中均被列为濒危物种。它们的面部、前肢和尾部呈现漂亮的金黄色，其余部分是具有光泽感的黑色毛发。相对于红山狨猴馆的其他几种狨猴，它的行动更为灵敏，脾气也是最暴躁的，好像一头小狮子。

绒顶柽柳猴乍看之下像位印第安酋长。它们的脸部是黑色的，两颊边嵌着几丝白色毛发，最有趣的是，它们那头极为蓬松的白色长发遇到危险时便会竖起，看起来更加气势凌人。2008 年，狨顶柽柳猴被世界自然保护联盟列为"极危"类保护动物，在《华盛顿公约》中被列为 I 类保护动物。

饲养狨猴，红山动物园有很多工作都是从零开始，很多方面还在不断地探索与尝试。正如狨猴馆的饲养员顾逸如所说："狨猴馆是个年轻的场馆。"

顾逸如是个安静瘦小的女孩，她参与了从笼舍设计到日常饲养管理的每一项工作，自称为这些最小的猴子的"老母亲"。

"在养狨猴之前，不知道自己还要学习这么多东西。"

　　来狨猴馆之前，顾逸如饲养的是斑马，在她看来斑马很好养，她也很喜欢斑马。接到调岗到狨猴馆的安排时，她心里十分没底。不仅因为自己之前从没养过灵长类动物，还因为红山森林动物园里也没人有经验，没有师父可以带她。

　　为此，动物园特地安排她去上海学习，即便是这样，她和其他饲养员仍是信心不足。因为没有饲养经验，她不知道要学到什么程度才足够。

　　回到动物园之后，就要开始实操了。

　　由于狨猴体型小，它们的饮食也十分精细。狨猴的日常饮食包括苹果、木瓜、葡萄、香蕉等水果，还有土豆、黄瓜、莴苣、胡萝卜等蔬菜，除此之外，还有鸡蛋、米饭、大麦虫等。不同于一般粗略的饲料用量规定，顾逸如在给狨猴喂食时每一顿都要称重，这个习惯从开始一直保持到现在。刚开始也不知道多少饲料用量才最适合馆里几只狨猴的小胃口，所以顾逸如的每一步尝试都是摸索，并在摸索中不断慢慢调整饲料的种类和比例。现在，狨猴们每天都有营养均衡又不断变化的食谱，这是顾逸如根据不同个体或群体的需要和喜好推出的个性化饲养方案。

狨猴的野生种群主要在雨林或草原的树冠上层栖息，它们对生活环境极其敏感，因此在人工饲养时对温度和湿度都有较高要求。在场馆建设进行到一半时，顾逸如也参与进来。凭借在外地学习到的知识，她要和施工方沟通到位，确保屋内的取暖设备可以给狨猴提供合适的温湿度，确保有太阳灯能代替太阳，从而提供充足的光照……

除了展馆，为狨猴准备合适的笼舍也很重要。顾逸如仿照在上海学习时看到的实验用狨猴的笼舍，将尺寸放大。因为实验笼往往需要对空间进行最大化的利用，而动物园里的笼舍需要方便饲养员进行各种日常操作和管理，更重要的是要为狨猴家庭提供更大的生活空间。为了避免空间拥挤和近亲繁殖等情况出现，顾逸如一般在狨猴生育两次（狨猴多为一胎两仔）之后把它们分出来，所以一个笼子里一般不会有超过6只狨猴生活的情况。

后面狨猴越生越多，就需要安排更多的笼子了。顾逸如在工作中发现之前那批笼子还有很多需要改进的地方，她便自己画设计图跟厂家和设计师沟通——连设计图都要自己画，顾逸如笑着说："在养狨猴之前，不知道自己还要学习这么多东西。"

第二批为红山狨猴们量身定做的专属猴笼出厂后，顾逸如发现各个狨猴家庭都十分喜欢这个新家。新家中有各种"家具设施"和取食器，狨猴们也能在笼子中上蹿下跳地施展活力。顾逸如看到它们这样也有了满满的成就感。

顾逸如引导普通狨一家进入转运笼

"照顾它们需要细心、耐心。"

刚开始饲养狨猴，顾逸如碰见了各种问题，遇到问题她就立马去查阅资料，或者询问认识的同行。现在有经验了，遇到什么问题她基本都可以自己处理。

对她来说，狨猴的育幼非常重要。狨猴很难通过纯粹的人工育幼成活下来，所以只能依靠狨猴父母自己带，再加上一定程度上的人工辅助。"一开始人工喂，总害怕出问题。现在只要妈妈奶水够，基本上只需要补充点营养，就没什么问题了。"在育幼时，顾逸如还专门准备了带仔记录本，记录每一个生仔家庭的育幼情况。如今，狨猴馆已经有约20只狨猴小仔成功繁育并存活下来，占现在馆里狨猴的一半。

称重是狨猴的行为训练之一。在称重时，顾逸如利用目标棒和响片等工具，配合口令，让狨猴们能乖乖地待在秤上。只是由于狨猴们长长的尾巴总是不听话地"越位"，这样很难保证获得准确的数据，顾逸如便让它们配合指令进入小笼子，再将笼子放在秤上称量。

给狨猴进行行为训练和日常检查时用到的转运笼也是顾逸如自己设计的。她设计的转运笼底盘可以抽出，她通过在转运笼最里侧的底盘上放食物，让狨猴隔着转运笼网格一点点取食并稳定下来，对转运笼闸门的关开脱敏，狨猴就成功到了转运笼里。狨猴的尾巴很长，比它们的身体还长，因此在关转运笼门时很容易夹到它们的尾巴。为此，顾逸如特地在笼门口"掏"了一个洞，这样就不会伤害到它们了。

1 年多下来您最开心的是什么？

——被它们信任，被它们需要。

一段时间接触下来，顾逸如和狨猴们越来越熟悉彼此，日常相处就像有了润滑剂一样越发顺利起来，这个润滑剂的名字叫"信任"。

狨猴比常见的猕猴小太多，又对环境极其敏感，顾逸如说道："照顾它们需要细心、耐心。"在平时的饲养管理中，她时时注意、事事注意、处处注意，生怕哪里没有做到位，让这些小猴子出了问题。

狨猴馆的展区是排班制，顾逸如为它们制定好了排班表。平时内展中安排两户，如果外展环境合适，她会尽量让狨猴们都去一遍外展。因为狨猴非常需要补钙，日常也会让它们吃些补钙的营养物。外展的阳光能让它们吸收到更多的钙，所以一般"能出去就出去"。

平时会有增加信任度的训练，主要是让狨猴能稳定地在饲养员手臂上取食。有的狨猴很黏人，顾逸如打扫笼舍时就会往她身上跳。如果是冬天，顾逸如的身上又暖和，它们就更爱往她身上扑了。

顾逸如

座 右 铭　　无
星　　座　　天秤座
籍　　贯　　江苏省南京市
专业背景　　动物医学
入园时间　　2014
工作场馆　　狨猴馆
动物朋友　　犀鸟、斑马、狨猴

"看着小仔们健康成长，我有一种老母亲般的欣慰。"

家

•••••• 顾逸如

　　狨猴生下小宝宝是件令人既开心又头疼的事，这意味着需要对它们进行更加严格的观察和护理。要给育幼的群体提供更安静的环境，制定更高的饲料标准，并观察和记录它们喂奶和带仔的情况。我们常担心狨猴妈妈有没有足够的奶，群体成员有没有好好带娃，小仔是否健康。要是发现哪个小仔可能缺奶，我们就会人工辅助喂奶，饲养员就成了小仔的另一个奶妈。等到小仔们长大些，就要开始跟着长辈们一起行为训练了，我们需要定期监测它们的体重，以便了解它们的身体情况。

　　一开始狨猴的育幼并不顺利，我和动物园都是从零开始饲养这些南美洲的小猴的，出于各种不同的原因，有的小仔没能成活。我为此查阅资料、各方请教，产仔后大概 3 个月的育幼阶段都要认真观察和记录这个家庭带仔和哺乳的情况。通过不断的总结经验并改进饲养方法，狨猴幼仔的成活率提高了很多。看着小仔们健康成长，我有一种老母亲般的欣慰。

狨猴一般都生双胞胎，一胎只生一仔的情况很少，有时候还会一胎三仔。可能是因为带娃不容易，狨猴的育幼方式是家庭式，跟人类有点像。狨猴妈妈主要负责喂奶，爸爸则负责背仔带娃。

一般小仔生下的最初两三天总是由妈妈带孩子，往后爸爸带孩子的时间越来越多，妈妈就只是个"喂奶机器"。有的妈妈喂完奶就把孩子扒拉下来，爸爸马上去接，剩下的事全是爸爸负责。

如果群体里有上一胎出生的孩子，这些亚成年的哥哥姐姐也会帮忙去背它们的弟弟妹妹。比如金头狮面狨，它们每一胎产仔的间隔较短，哥哥姐姐最小的才四五个月大，自己还是个毛孩子，就主动承担起背弟弟妹妹的责任，带娃能力可谓是从小练起。不过很多小仔似乎更黏爸爸，有的仔能独立了还是喜欢蹿到爸爸背上，爸爸也只好宠着——带娃不易，爸爸叹气。

别看狨猴家庭里家人们平时关系很好，可一到吃饭时就互不谦让，强势点的会赶走弱势的，所以吃饭的时候最容易看出每个成员的家庭地位。

不过家庭里如果有了尚处于幼年的小仔，大猴们互相之间虽然抢食，但都会让着小仔，小仔大约在两周到1月龄的时候开始吃食，这时候它是家庭地位最高的，由于身体小小的，有时候就直接坐在食盆里吃，还很喜欢抢大猴们手里的食物，大家都宠着，小仔要什么给什么。

为狨猴准备食物时的料理台

运用自主设计的转运笼进行称重训练

一个称职的爸爸对育幼成功有重要作用，每次育幼对爸爸的消耗可能比妈妈还多，有好几个家庭的爸爸身体状况都出现过问题。

有一个赤掌柽柳猴家庭里的爸爸叫白点，小仔出生大概3个多月后，我发现它的体重急剧下降。更令人担忧的是，由于白点很敏感，害怕进转运笼，转运笼称重这个训练项目一直没有完成。外加正值带仔期间，白点"整个猴"更加谨慎，有好几个月没能得到它的体重数据，连它背着仔的合重都很难得到。

小仔4个月时已经基本独立，所以我们决定把白点分出来单独饲养。它的体重终于开始上升了，1个半月后，我们便让它回到原来的群体。这之后对它继续密切关注，它的体重逐步恢复到了正常水平，我们终于松了口气。

1年之后，白点和它的妻子大乔又有了一对双胞胎宝宝，白点再次承担起称职奶爸的责任。好在这次小仔们两个才1岁的姐姐也很负责，经常分担背仔任务，白点的负担似乎小了不少。

我很开心它们如今都健康平安，希望这些家族能越来越兴旺！

红山熊展区首次修建于 1998 年，即动物园从玄武湖搬至红山新址时。2018 年开始闭馆改造，并于 2020 年 12 月升级完成，在 2021 年 1 月 1 日首次开放对外展出。新场馆就原有场地进行扩大，充分利用地势环境进行巧思，打造了两个不同风格的外展区。

棕熊展区地势平坦开阔，场地内装置有铺设地暖的石穴、自然溪流及超大泳池，并保留了原本的几棵雪松及樟树，可为动物提供表达其各类自然行为的选择，如奔跑、玩水、爬树等。

亚洲黑熊展区则利用起伏的山坡和茂密的植被打造自然丰富的森林环境，并且通过调节自然树木的角度，为动物提供复杂且有生命力的栖架，给予亚洲黑熊树栖行为充分表达的可能。

除了有精心设计的外展区，后场也有两个 30～40 平方米的室外不展示的运动场，保证展区维护时动物也能享受到较大空间和自然光照；内场则由 6 间内舍串联而成，满足日常清洁管理、动物串笼以及场地丰容布置等多种需求。

除了动物使用空间有了较大提升，展示动物的方式也一改传统采用的"坑"式设计，由 9 个展现不同场景的玻璃面来展示动物，引导游客通过平视或者仰视的角度观察动物行为，提升人们对动物的尊重的同时，避免投喂现象的出现。外场围墙通过塑石反扒和双重电网设计保证展示安全。

熊馆

Bears

场馆面积
1300 平方米

场馆位置
大红山

注意
事项

请勿敲击玻璃
及投喂食物!

陪熊晒月亮

*故事讲述 / **彭培拉***

*故事整理 / **张静雅***

*场景记录 / **彭培拉**（P099上·113·114上·121）& **陈园园**（P099下）& **陈月儿**（P101·108—*
*109·110·116·117）& **刘蕾**（P114下）*

亲爱的游客朋友

欢迎您来利亚洲黑熊展巨！♥

这里住着两只小熊，男生叫石头，女生叫珍珠，它们都出生于 2019.12 - 2020.1，于 2020 年底来到红山新建造的熊馆生活。来到这里以后，我们发现了它们都有着不轻的"刻板行为"

> 刻板行为：动物以无明显目的、不变的、重复的进行简单的行为，可能是动物为了克服不良环境的压力而采取的一种抗紧迫行为。有时即使动物来到更丰富自然的环境，也会持续发生。

我们希望在新家中，能努力减少它们刻板行为的发生。但熊馆太大了！！我们平时也很忙碌，不能一直观察它们行为的情况，所以如果您能做我们的眼睛，协助我们一起帮助它们克服刻板行为的不良影响，就太好了！！

做法见下页！！ →

它们平时爱做什么？

——就和小孩一样。

能具体些吗？

——吃饭、睡觉、爬树树。

　　红山森林动物园的熊馆现在住着5只熊：两只棕熊正值年少，精力旺盛，荷尔蒙有些无处安放，女生叫贝尔，男生叫布朗；两只亚洲黑熊仍是活泼好动的年纪，鼻子上有白斑的叫石头，是个男孩，另一个是个叫珍珠的调皮丫头；马来熊老马已到暮年，目前在安心养老。

　　亚洲黑熊展区的一个观察窗旁，挂着一个A4纸大小的防水袋，里面装着几支笔和一个封面为牛皮纸材质、题为"行为记录本（游客版）"的笔记本。翻开第一页，上面写着……

"寻找解决问题的不同方式本就是一种乐趣。"

这个"行为记录本"是饲养员彭培拉准备的。

听到彭培拉的名字，不由得会想到澳大利亚首都堪培拉。彭培拉和堪培拉确实有不解的缘分。她的父亲在堪培拉读书时，母亲也同往陪读，两人便是在那里怀上了爱情的结晶，之后回到北京生下了彭培拉。彭培拉获得动物医学专业硕士学位后，没有选择宠物医院的工作，而是在广州一家动物园成为了动物管理员，从此入了行。

来熊馆之前，彭培拉只是在工作的地方看过熊，从没料到自己会来饲养它们。接到安排，她内心激动的同时又有几分忐忑。毕竟从身形上看，她这样玲珑瘦小的女孩就很难与高大的棕熊相比。并且，彭培拉之前饲养的大多是食草动物，且性格温驯，易与人亲近。而熊是猛兽，脾气有时捉摸不定，若是暴躁起来怕是很难控制。

虽然刚开始也有大大小小的插曲，但彭培拉毕竟有几年的饲养工作经验，一段时间过去，她对熊的饲养工作就得心应手了。讲到这里，她笑着说："困难时常在发生，人就是要发动脑筋、动起手来解决问题的，寻找解决问题的不同方式本就是一种乐趣。"

对于动物园中的动物来说，刻板行为的发生是十分常见的，原因是它们长期处于过于单一或有较大压力的生存环境中。场馆重建之后，熊熊们都是初来乍到，对于全新的生活环境，兴奋之余难免生出几丝紧张。彭培拉认为："虽然每一种动物都有相应的饲养指导方案，但这只能作为基础。动物和人一样，也存在个体的差异性，我们要做的是尊重每一个个体。"

于是，观察每一只熊的生活和精神状态成为她工作的重中之重。只是难免会有顾及不到的时候，彭培拉就想出了类似于留言本的方式，由到访游客做主笔，记录他们眼中的"熊行为"。事实证明，这个记录本颇见成效。彭培拉会对游客们所记录的刻板行为类型与出现时间进行整理与评估，并在相应的时间段进行提前干预，如将它们引回笼舍，或者在某处放置一些食物。

现在，熊熊们的刻板行为有所缓和，珍珠刚进馆时的踱步行为几乎见不到了。你若来到红山动物园，便能看到以各种姿态攀高爬低的它们。

它们常爬哪棵树？

——每棵树都爬过了。

——包括最高的那棵。

"希望游客们能获得对熊不一样的认识。"

　　除了帮助彭培拉减少熊熊们的刻板行为，"行为记录本"也是一个兼具留言互动和观察记录功能的本子。

　　短短两个月，这个本子就已经被来往的游客写满了。每一位游客的着笔都透露出他们鲜明的个人风格：有的用文字描述熊的行为，如打架、觅食、睡觉；有的直接把熊的样子画下来，随便翻开看看，几乎每一页都有几幅游客用他们精湛或并不十分精湛的画技绘制出的

"熊行为"；还有的直接写"无熊""熊去哪了""no bear"……当然也有人乖乖按照饲养员的要求记录熊的刻板行为。

  说到"行为记录本"，彭培拉笑着说："大家十分积极。"原本打算让游客记录刻板行为的本子，现在还被大家用来留言和互动，虽然与彭培拉起初的想法不太一样，但她觉得这也是意外的惊喜："希望游客们能获得对熊不一样的认识。"

亚洲黑熊怀抱丰容玩具在水池里戏水

"动物园是一所育幼园，也是一座敬老院。"

亚洲黑熊"珍珠"

和隔壁的棕熊相比，红山动物园的两只亚洲黑熊身形和年纪都很小，是红山动物园的一对熊宝宝。

亚洲黑熊又称狗熊、月熊，它们主要栖息于山地和森林，长于爬树，也会游泳。它们的体毛长而黑，但下颏呈白色，胸部有一块"V"字形白斑或黄斑。圆圆的脑袋搭配粗壮的身体，一双黑亮的眼睛瞟来瞟去，前进时 4 个可爱的脚掌缓慢地拍在身下，尽显憨态。

黑熊是一种杂食性动物，在弱肉强食的丛林中讨生活并非易事，对于它们来说，有一个"包罗万象"的胃口就会好过许多。植物的种子、根茎、果实等都可成为黑熊的盘中餐，同时黑熊也吃昆虫、鱼类、鸟类和一些小型的哺乳动物……当然，一些动画片诚不"欺我们"，黑熊也会挖掘蚁窝和蜂巢，红山的两只小黑熊就最喜欢彭培拉为它们精心准备的涂着蜂蜜的食物丰容。

常有人说"熊瞎子"，指的就是亚洲黑熊。亚洲黑熊的视觉并不发达，外加它们粗圆的身形和慵懒的性格，人们才有此戏称。虽然常常"看不清"，但是亚洲黑熊的嗅觉十分灵敏，在判断周围环境和捕猎时，它们主要利用听觉和嗅觉来寻找目标。彭培拉发现，两只小黑熊的眼神的确不好，但鼻子和耳朵却灵得很。气味显著但外表不明显的食物，小家伙们总能第一时间发现；而气味不明显的食物，只有胡萝卜这样颜色鲜艳的才能被它们注意到。

亚洲黑熊于 2012 年被《世界自然保护联盟》（IUCN）列为"易危"物种，同时隶属于中国国家二级保护动物。虽然黑熊是杂食性动物，但肉类在其食谱中只占很小一部分。同时有研究证明，伴随季节的变动，黑熊的主食也会发生变化。

1989 年出生的马来熊老马已经相当于人类近 100 年高龄,它同动物园一起从玄武湖搬到红山,南京人关于马来熊的印象多来自于它。2020 年底,红山动物园的熊馆升级完成,经过饲养员的观察和评估,园方起初并未将老马展出,而是将它安置在熊馆一处可以接收充足阳光的场地,让它过着悠闲自在的日子,避免因为来到新环境而承受太多压力。

果然,开始几天老马并不爱动弹,大多时候只蜷在窝里酣睡,"像个嗜睡的宝宝"。彭培拉和其他饲养员看到老马这样十分揪心,开始想尽办法照顾这个"大宝宝",誓要让它重新拾起活力来——重心放在吃食上。

为了让牙口不好的老马能多摄取点营养,彭培拉将水果、蔬菜等处理得十分细碎,并采取少食多餐的方式进行投喂……渐渐地,老马变得"能吃"起来,彭培拉也如释重负。

在日常观察中,彭培拉又发现老马 4 个脚掌的趾甲由于日常使用程度不高,趾甲磨损不足,已经影响到了它的行动。

为了帮老马把趾甲处理好,同时又不让它陷入过度的紧张与不安,饲养员们商量了很多方法,也做了许多情况预设。他们发现在吃东西的时候,"老马会有一个十分配合的态度"。经过大家有条不紊又"七手八脚"的团结努力,老马趾甲的危机终于解决了,大家预想的可能风险也都没有出现——结局令人欢喜,过程令人难忘。

在窝里躺着晒太阳的老马

为老马特别制作的食物

113

为老马剪去过长的趾甲

彭培拉在一旁守护着正在"散步"的老马

给老马处理趾甲的同时，彭培拉也将老马外放的工作提上了日程。经过她耐心的照顾与引导，老马迈着迟缓的步伐一步步走到了熊馆的外场，今后它也可以享受"熊生"中久违的与大自然相处的乐趣。

老马的成功外放，给彭培拉带来许多感触与启发，她在个人微博上写下这样一句话：

> 在很多地方，老年动物常常因为失去"展示和繁殖价值"而较少受到重视，成为动物园中的弱势群体，对于它们的生活质量和福利状况需要更多的关注和声音，动物园从业人员也理应通过不懈努力给予它们一个值得过的晚年生活。

红山熊馆目前同时养育着正值幼年、青年和老年不同"熊生"阶段的熊，正如彭培拉所说："动物园是一所育幼园，也是一座敬老院。"

成为动物园从业者已有7年，彭培拉对于动物饲养员的工作也有了自己的思考。她认为："动物的故事集中在昨天、今天和明天。每天都要思考昨天发生了什么，今天依据昨天应该做什么，明天又该满足动物什么需求。在很多人眼里，动物饲养员是一份简单而美好的工作，但事实并非全然如此。和动物相处并不是一个乌托邦，而是一项简单、美好之余又充斥着许多矛盾的工作。"

彭培拉

座 右 铭	周遭相遇，我们互为风景珍惜
星　　座	金牛座
籍　　贯	北京市
专业背景	动物医学
入园时间	2019
工作场馆	熊馆
动物朋友	考拉、袋鼠、树袋鼠、袋熊、袋獾、鹦鹉、针鼹、黑猩猩、红猩猩、长臂猿、金丝猴、黑叶猴、狨猴、犀鸟、狐猴、长颈鹿、獐子、小麂、鹈鹕、黑熊、棕熊、马来熊、澳洲鸟类、爬行类动物

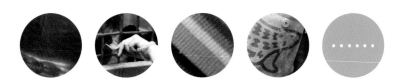

"虽然第一次见它这样，但我知道这是一种带有警告意味的行为，
那一瞬间我突然发现石头长大了。"

月亮下的熊

•••••• 彭培拉

"石——头——！珍——珠——！回家了！"
"石——头——！珍——珠——！回家了！"

屋顶传来同事在大喇叭中呼唤的声音，在下班时分空旷的动物园上空不断回响着，分外清晰。随着声音越来越"绝望"，我的心也在不断打鼓：下午培训回来看到盆子中所剩无几的食物，心想坏了坏了，我走前没交代清楚，下午一定喂太多了，这会儿不想回来吃晚饭呢。

我迅速切了一点胡萝卜，抓了点坚果和颗粒料装到小碗里面，然后绕到游客通道的小木栅栏前，拆下几根树枝。翻过栅栏再穿过几棵小树，来到它们最喜欢的玩耍区，这里是我们的秘密通道。新落成的黑熊展区不仅面积很大，且高低起伏，树木丛生。每当在屋顶叫不回两个小家伙时，我就跑到这里，利用这里的铁网给它们扔点好吃的，叫它们回家。

果不其然，两只黑色的小球正趴在三四米高的树干上面十足慵懒地昏昏欲睡。我看着它们，不禁想到了它们刚来没多久的样子。石头和珍珠是两只1岁多的亚洲黑熊，石头是男孩子，鼻子上面有一片指甲盖大小的白色斑点，即使从远处看也非常醒目，它站起来要比同龄的女孩子珍珠高一头。大约两个月前，它们一起从石家庄动物园搬到我们刚刚建设好的新熊馆，成为第一批也是最小的一批熊主人。刚刚到达新环境的两个小朋友很怕生，尤其是珍珠，稍微有一些异响就会蹿到笼子的最高处。经过了在内场一段时间的熟悉之后，我们逐渐取得两个小家伙的信任，也是时候让它们探索更大的世界了。

那时刚刚到外展区的石头和珍珠就像面对一个巨大的未知世界，有一万个问题亟待探索。落叶堆里有什么？水池是不是无敌深？石阶能通向哪里？透明玻璃能不能出去？每一棵树怎么爬上去又怎么下来？在哪里睡觉舒服又安全？树皮里、草丛间、石块下有什么奇怪味道？雪松的顶上是什么感觉……

两个小朋友各自做着自己擅长的事，一起不断成长，从刚开始的小心翼翼到轻松自在地打打闹闹，直到现在吃饱喝足后挂在树上一脸轻松地看着我。我尝试着把食物扔到它们所在树架下方的地上，并不断呼唤它们的名字，期待它们能够给我一些积极的回应，然而显然不怎么饿的两个小家伙不但不想下来，石头还对我此刻的"打扰"发出了抗议，它稍微站起身，上下颚不断开闭，发出嘴巴碰撞的声音。虽然第一次见它这样，但我知道这是一种带有警告意味的行为，那一瞬间我突然发现石头长大了。

略感无奈的我只好退回到玻璃前，和听闻黑熊不回家而陆续赶来看热闹的同事、朋友坐在地上，边等边讨论对策。大家看着在树上悠然自得的两个小朋友舒服睡觉的样子，纷纷感叹着眼前画面的宁静与美好。随着夜色渐渐浓了，一轮弯月挂上树梢，月光浅浅地映着树影。

我突然想起来亚洲黑熊还有一个好听的名字——月亮熊。

终于，天完全黑下来了。在手电筒灯光的照射下，石头和珍珠各自趴在一处树架上睡得香甜。我们也决定放弃今晚叫它们回家的打算，只是将它们的卧室门打开，放好食物，以防半夜饿了的两只小家伙可以回到屋里吃饭睡觉。再三确认一切安全后，我查了查第二天日出的时间，定好闹钟准备早早回来看它们。

整个夜晚我不安中又带些兴奋，早春里依旧寒冷的夜风，各种动物邻居的动静，漆黑一片的树林，会不会令从小在动物园长大的它们感到害怕，又会不会让它们感受到对大自然的归属感，从而释放天性？

第二天天刚亮，我和志愿者便赶回动物园，室内的食物和床都没有动过的痕迹，昨晚树下撒的食物也还在，而两只小家伙却不在上面。我紧张地朝平时珍珠喜欢藏身睡觉的坡上望去，果然发现它俩抱在一起，正在草丛中呼呼大睡。我尝试叫了它们几声，石头闻声一下子抬起头来看了看，一脸惺忪地寻找声音的方向，不一会儿就回到房间里，只不过晚饭已经变成了早餐。

就这样黑熊不回家的"意外"终于告一段落，我想因为这次"意外"，珍珠和石头一定在夜晚的大自然中学习到了一些重要的东西。也许是友谊，也许是勇气，也许是晨光与鸟叫的联系，还有更多的是我们不知道的属于熊的小秘密。

石头和珍珠各自趴在一处树架上睡得香甜

2018年底，南京市红山森林动物园拆除了原猞猁馆单体，在其原址区域重新规划设计，建成了中国猫科馆。为满足猫科动物的生活习性和福利需要，中国猫科馆保留了原址山体，将原址地形巧妙运用，把自然的陡坡、原生态的植被在最大限度上提供给动物。

在野外，这些中国猫科动物的生活环境大多是山地、丘陵、雨林里的森林灌木、岩石山洞，尽可能地还原它们的野外生存环境，在充分利用原有地形的基础上组合山石、设计模拟岩洞，种植大量华北、华中地区特有的针叶林植物以及林下各种灌木、地被用作隐蔽，避免动物受到游客的视线压力。同时用原木搭建不同高度、难度的栖架满足动物攀爬、玩耍、转移等不同需要，增加水池、生态木屑池，制造溪水、湿地等景观，为动物提供尽可能多的选择和探索的区域。人造山洞内还设置了加温系统，冬天很冷时，安全的小环境加上适宜的气温，山洞可能是动物最爱待的地方之一了，游客也可以借由山洞旁边的小观察窗近距离地观察动物。

猫科馆还有一个吸睛的区域就是霸气的空中通道，当猫科动物需要转换户外花园，或是进入繁殖区安心"养胎"的时候，在饲养员的引导下，猫科动物就可以从游客头顶上这个空中通道穿梭而过，这个暖心的遮阳设计给动物们提供了停留、望远的好位置，也给游客提供了和动物见面的好机会！馆舍内还有很多这样的转运通道，构成了复杂的通道系统，使饲养员管理更加灵活，动物使用更为方便。馆舍运动场的隔离采用目前全世界最先进的"全封闭"模式，遵循动物友好设计原则，利用软网和玻璃，将动物馆舍区域和游客参观区域全面隔开，避免了电网、壕沟阻隔手段等对动物的恐吓，同时软网轻便有弹性，保证动物舒心、舒适。这样一个开放又隐蔽、自然又充满细节设计的馆舍环境，是猫科动物们惬意的"秘境"！

中国猫科馆

Feline in China

场馆面积

3000 平方米

场馆位置

大红山

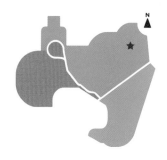

请勿敲击玻璃!

有主意的猫

故事讲述 / 刘媛媛

故事整理 / 张静雅

场景记录 / 陈园园（P123上·140·141左4）& 杜颖（P123下）& 方振（P125·127）& 南京市红山森林动物园宣传教育部（P128）& 贾天赐（P132—133）& 陈月儿（P141左1左3·144）& 刘媛媛（P141左2）

"啊，它少了 1 条腿！"

"看这有只 3 条腿的豹子！"

"它好坚强啊。"

……

几年前，红山森林动物园猫科馆的一只豹子在打斗中受伤，因感染而被迫截去一条前腿。饲养员刘媛媛为这只三条腿的豹子起了一个好听的名字——越越。

"只是想让它越来越好。"饲养员刘媛媛笑着说。

因为之前有过被老虎近距离吼叫而心颤的经历，刘媛媛在来猫科馆前有本能的畏惧。但她作为饲养员真正地和豹子、猞猁等相处时，发现当人们以一种很平和、积极的态度面对它们时，它们也会反馈给人们同样的状态：

"跟它对视的时候，会觉得你怎样对它，它就怎样对你。"

越越怕人吗？

——它可不怕。

——对上眼它还要扑你呢。

3 条腿的豹子——越越

"豹纹只有在豹子身上才是最好看的。"

猫科馆目前入住了9只"猫"，其中金钱豹、猞猁、豹猫各3只。在人们的印象里，猫科动物总是迷人又优雅。

最迷人的莫过于金钱豹，它们因背部有大量与古代铜钱相像的圆形或椭圆形斑点而得名。刘媛媛觉得猫科馆里的几只金钱豹十分美丽："当动物很自在、干干净净地朝你走过来的时候，它们就是它们自己，不是人们想象中的什么东西。"

一位游客来时说的一句玩笑话令刘媛媛记忆犹新："豹纹只有在豹子身上才是最好看的。"每当有阳光照射在豹子身上时，刘媛媛都觉得它在闪闪发光。

猫科动物可分为猫亚科和豹亚科，共有14属38种。它们的适应性极强，野生种群广泛分布在除无树的苔原和极寒地区以外的各种陆地环境，也不乏有个别物种可以适应极限环境。野生猫科动物处于各个生态系统食物链的顶端，它们的存在对于维护生态系统网络的稳定具有至关重要的作用。

金钱豹:学名花豹，是一种大型食肉性动物，身形均匀，四肢矫健，感官发达。红山的几只金钱豹都是华北豹，是目前花豹亚种中唯一活跃在中国境内的种类，主要分布在陕西、河南、河北、山西、甘肃等地。

"动物时常会给我们惊喜。"

作为丛林王者，金钱豹可谓是全能型选手。它们不仅外形华丽、迷人，还拥有敏锐的视、听、嗅觉和超强的平衡能力、攀爬能力与跳跃能力。金钱豹生性凶猛，猎物覆盖范围十分广泛，通常采取两种进攻方式：一种是潜隐在树上，采取居高临下、暗中观察的方式等待猎物出现；另一种是先潜行接近猎物，待到合适的进攻范围内就一举上前将其拿下。

为了保持动物的活力，饲养员们有时会将食物放进一个纸箱里，让动物利用它们的嗅觉进行探寻。

有一次，刘嫒嫒将放有食物的纸箱埋在草丛中，想着应该很快就会被发现。可是感官应当十分敏锐的"猫"从那边溜达了一圈都没有发现，后来还跑到远处的坡上躺下了。刘嫒嫒觉得当天铁定是找不到了。好巧不巧一阵风吹过，食物的味道就顺风飘进这"猫"的鼻子里。它立马像触电一样，从坡上跃起，径直扑到了藏有食物的地方。

刘嫒嫒和其他饲养员顿时就笑出了声："原来并不是没有发现、不敏感了，而是时机不对。"其实，正像它们在野外捕猎时也常常需要借助自然的力量一样，这次经历也算还原了它们野外捕猎的一种状态。

这些层出不穷的意料之外让刘嫒嫒不禁感叹道："动物时常会给我们惊喜，我们自认为很了解它们，但事实并不是这样。"

新的猫科馆里布置了很多栖架，有些栖架的设计需要豹子一步步走上去，结果豹子们往往轻松一跃就上去了。陷入回忆的刘嫒嫒有些兴奋：

"原先我们没有给到很合适的条件，很少能见到我们的动物可以跳得那么高，能展现出那么多的行为，而现在的我感受到原来它们是这么有魅力。"

仰卧着的越越

"动物有它们自己的想法。"

大部分猫科动物喜欢"自己一只猫"讨生活，它们栖息于丛林、山谷、丘陵和草原等各类环境。由于资源问题，野生猫科动物之间常会存在竞争，因此它们具有强烈的领地意识。因为这种特性，猫科动物馆的几只"猫"也过着独居生活。

说到这里，刘媛媛笑了一下："在没有需求的情况下我们是不会把它们放在一起的。其实也不是没有尝试过。之前到交配期时，我们曾想让越越和憨憨（越越是母豹子，憨憨是公豹子）合笼，但俩豹子互相不对付，合笼就失败了。"

因此，刘媛媛现在考虑更多的是动物的需要："当动物需要时，就会让它们合笼；如果动物不需要，便会为它们提供更大的空间。"

家养的猫常常需要排出吃进去的毛，猫科动物馆的几只"猫"也不例外。刘媛媛和其他饲养员在场馆中撒了好几种有化毛作用的植物种子。刘媛媛发现几只"猫"最爱吃的是黑麦草，每年春天黑麦草长出来时，"猫"们就会根据需要自己去吃，这时候积了一冬天的毛团就会吐出来："今天这个吐，明天那个吐，轮着一圈下来就好了。"

事实上，冬天草还没长出来时，饲养员们也会准备一些"化毛草"和食物放在一起，但"猫"们偏不吃。刘媛媛无奈道："它们其实非常有数，对自己有很好的把控。"

对于饲养员来说，除日常工作之外，保持变化是一件困难的事。刘媛媛希望每天都能让"猫"们待在不同的地方，"让它们能在不同的场地中拥有一种新鲜感"。进入场地后，它们便会留下一些记号，试图抹去前"猫"的气味。这样的方式可以让"猫"们之间发生信息交流，知道前面来过谁。有时，本来安排谁今天应该去8号场地，还会特地让它从7号路过留下一些"信息素"，再将另一只放进来。这些做法能很好地保持"猫"们的活力。

一般安排好场地后，"猫"们都会合作，但难免也有例外，这时刘媛媛和其他饲养员也会照顾动物的意愿。比如一只叫桃子的金钱豹，它并不像其他"猫"那样随性，是个很有主意的豹子。猫科动物馆有一个三通通道，不同的出口分别对应3个场地。有一次刘媛媛安排桃子去8号场地，但它坐在6号的门口不愿动弹，叫它也不答理。刘媛媛纠结了一会，尝试性地打开了6号的门，桃子立马很高兴地进去了。

野生猫科动物通常会根据环境资源的丰富程度选择领地大小，若资源相对丰富，领地范围相对就小。对于豹子来说，一般雄豹的领地会覆盖一只到几只雌豹的领地，雄豹会将自己领地内的雌豹视为"私有财产"，并且驱赶来到自己领地的其他雄性。

"越越是只有耐心的豹子。"

新场馆建好后，中国猫科馆曾经历了很长一段适应期，动物和饲养员都到位了，只是还没有面向游客开放。在那期间，猫科馆常会进行网络直播。很多人被"身残志坚"的越越吸引，成为它的粉丝。因此一些来到猫科馆的人，见到它就立刻叫道："越越！是越越在！"

来猫科馆之前，刘媛媛以为越越是个急脾气，而现在她觉得"越越是只有耐心的豹子"。还在受伤截肢的护理期时，越越也曾出现过状态消极、脾气暴躁的情况，但现在人们看到的它，却十分健康、自信、快乐。猫科馆的日常食谱中包括兔子、鸡、牛肉、猪骨头等肉类，几样东西通常轮番供应。饲养员把肉放在山坡的一块石头上，越越嗅到味道就会冲上去，把肉拖到一个让它舒服的地方开始斯文进食，一只身长三四十厘米的兔子吃下来可以花费半个多小时。

越越的耐心在一次尾部采血中得到充分验证。饲养员们发现越越的牙齿有些异常——犬齿几乎被磨平。刘媛媛决定给越越做个检查，看看它的牙齿情况到底如何。

通常，猛兽健康体检需要将动物麻醉。比较常用的方式是用吹管麻醉，但刘媛媛认为那种情况会给动物造成紧张情绪，很容易出现应激反应。并且，静推麻醉所用的麻药相对于吹管麻醉方式的更加安全，如果动物在这一过程中感到不适可以让它自己走掉，已经注入体内的麻药也可以自己代谢干净。最后，通过不断与兽医进行沟通和讨论，他们决定使用静脉推注麻醉的方式，想让越越在一种平静的状态下接受检查："希望它平静地接受麻药的推注，平静地睡过去，平静地被兽医带去兽医院做检查。"

静脉推注麻醉需要用行为训练的方式来实现，训练原理与静脉采血训练相同。因此，在麻醉之前给越越进行采血检查，这是一举两得的事情。

其实，为了让动物能够适应和配合日常的身体检查，饲养员在平时就会对它们进行行为训练。"这些训练并不是有目的地让动物达到某种水准，归根到底是让动物适应动物园的环境，尤其是配合兽医的医疗管理。"在进行尾部静脉采血、推注操作时，需要有 3 个人做配合：一个人负责给越越做定位，让它稳定地趴在笼网边；尾巴剃毛、消毒、扎针等一系列操作则由兽医完成；刘媛媛行为训练经验丰富，负责发出指令、掌握节奏："兽医可以剃毛了""兽医可以扎针了"。这时她还会按动响片，告诉越越它做对了，越越也会默契地配合。

静脉推注训练时，使用了生理盐水作为麻药的替代品，操作时按照推注麻药的标准进行，越越经过几次训练，很快就能够稳定地接受静脉推注。

与此同时，兽医也顺利地通过越越的尾部静脉采到血液，血液测试也没发现什么问题，令刘媛媛担忧许久的事终于解决了。在尾部静脉采血、推注的十几分钟里，越越一直配合地趴着。"聪明和领悟能力是一方面，更重要的是它十分有耐心。"

这次的成功也让刘媛媛对未来可能面临的困难更有信心："成功完成给越越采血，证明了我们之前做的很多事情是有用的。"

刘媛媛和别人聊天时，经常将豹子、猞猁等称为同事，她认为在动物园里，动物和饲养员只是上班的方式不同："我们来帮助它展示更多的自然行为，它们负责向公众传递它们所代表的物种的信息。"

形容一下你们的关系？

——就像合作关系。

——我们之间是平等的。

刘媛媛

座 右 铭　无
星　　座　未知
籍　　贯　江苏省南京市
专业背景　动物科学
入园时间　2013
工作场馆　中国猫科馆
动物朋友　大熊猫、犀鸟、丹顶鹤、黑猩猩、红猩猩、狨猴、合趾猿、豹、豹猫、
　　　　　猞猁、狞猫、薮猫、狼

"新场馆的建设并不是只为了展示新的、好的动物，
我们更多的是希望改善原本持有的动物的环境，让动物们获得更多。"

中国猫科馆的"豹女神"

· · · · · · 刘媛媛

我与越越的初识，是在我还是一名谱系员的时候。那时候，大家都喜欢用来源地、生日之类的字眼给动物们起名字，越越来自青岛，起初它在我的档案中的名字是"小青"。这个名字不仅好听，也简单好记，但我总觉得似乎少了点什么。

当时的越越对于我来说，只是我管理的众多档案中的一员，是我分析种群时的一只雌性金钱豹。我对它的性格、喜好一无所知，甚至在展区见到它时我都无法立马把它与其他豹区分出来，直到我们以"同事"的身份在中国猫科馆相遇。

我早就知道，越越是只特殊的豹子——它只有 3 条腿。2015 年，在一次与其他动物的冲突中，越越被咬伤了右前肢，继而发生了严重的感染，在不得已的情况下，兽医们对它实施了截肢手术，此后又经历了漫长的恢复期。在我们动物园行业流传着这样一种说法：动物的手术成功还不算成功，护理好了才算是圆满。事实如此，动物的术后护理对于饲养员来说是个巨大的挑战。甚至有时候，饲养员会采取最原始的疲劳战术——24 小时不眠不休的看护，越越就是在这样日日夜夜的看护中逐步恢复的。

我进入猫科馆时距离越越受伤已经过去四五年了，越越看起来已经完全恢复元气，只是走路时缺少1条腿的支撑。但是，我们还是很担心，担心越越能否适应猫科馆这样复杂的通道、高低错落的栖架和陡峭的山体。因此，在我们制订的适应计划里，越越永远排在最后一个。我们总挂在嘴边的一句话就是："越越最后再说，走到哪儿算哪儿。"

我们从猫科馆的繁殖区开始，慢慢带领动物们探索到展示区。这样的通道由短变长，山体由平缓到陡峭，环境也由简单变得复杂，这一过程十分有利于动物的适应。被我们寄予厚望的是看起来就很矫健的金钱豹憨憨，它也的确没让我们失望，在面对新的环境时，它总是表现得自信而从容。也是在这时，我们发现被安排在最后的越越在进入同样的环境之后，比其他豹子表现出更强的探索精神。

越越特别喜欢在高处睡觉，那些我们感觉它一定无法到达的高处，反而是它最喜欢的休息点。

比如，我们的6号运动场里有块木板设置得非常高，离地约有6米，就连我们无比期待的憨憨都没有上去过。当时我们还私下讨论，这个木板又斜又高又窄，肯定没有豹子喜欢上去。然而，现实总是教会我们成长，越越第三次进入这个场地时，就躺到了这块板上，晒着太阳美美地睡了一觉。

我到现在还记得，那天的天空特别蓝，我端着食盆路过，瞥了一眼酣睡其上的越越，鼻头一酸……

端坐在栖架上的越越

　　我曾经在一张图片上见过"挂"在树上的豹子，看到照片的我心里不停地感叹——上帝真的太偏爱猫科动物了。同时也怪自己没有好好学语文，导致看到这样的场景，除了"美""太美""美死了"，我居然没有想到其他的形容词。总之就是太美了。我也没想到，这样的场景会出现在猫科馆，而且还是在越越身上。是的，我们后来又发现，越越还有个特别的喜好——喜欢挂在树上。

挂在树上的越越似乎有一种魔力，让我们忘记它少了一条腿，总是那么美好而舒服地挂着。我到现在还记得，猫科馆开馆时正值"十一"黄金周，一大群游客围在一个展面，疯狂地拍"挂"在树上的越越。那一刻，越越似乎在发光。

其实，在猫科馆开馆之前，关于到底要不要展示一只"残疾"的豹子，我们讨论过无数次。有的观点认为，如果展示的个体不够，就应该引进更加健全的豹子充实我们的场馆。而这一点，当时就被所有人否定了。因为从园长到饲养员都认为，新场馆的建设并不是只为了展示新的、好的动物，我们更多的是希望改善原本持有的动物的环境，让动物们获得更多。

但最终令我们下定决心将越越向游客展示的，其实是越越它自己的状态。它并没有因为缺少右前肢而变得喜怒无常，相反，它自信、优雅，是我们馆最积极的豹子。它"干饭"积极，训练积极，探索场地也最积极。这样一只积极的豹子，应当被人们认识，也应当让人们知道它的故事。

现在，越越已经拥有了很多粉丝，他们中有人喜欢叫它"女神"。的确，我也认为越越是世界上最好看的动物。就像江苏省野生动物收容救护中心的陈老师说的那样："每一个动物都是世界上最好看的动物，因为它们独一无二。"

对了，越越的名字是到猫科馆以后我给它取的，希望它越来越好。

长颈鹿馆于 1998 年 8 月建成，2000 年增建遮阴棚，并对大门、围栏等进行整改，2002 年整改供暖系统。长颈鹿馆位于红山森林动物园的中心广场方向，相当于南京的"新街口"。

　　卧室由 4 间面积不等的房间组成，可以满足动物不同阶段的需求。4 间卧室间间相通，这不仅方便饲养员进行串笼、喂食、添加垫料等日常管理工作，也让长颈鹿能经常更换空间，保持"新鲜感"。

　　外运动场由东西两个运动场组成，东运动场的面积为 1100 平方米，西运动场面积为 900 平方米。

长颈鹿馆

Giraffe

场馆面积

2450 平方米

场馆位置

大红山

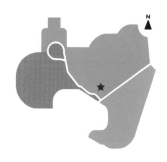

请勿投食！请勿翻越栏杆！请勿敲击玻璃！

高个不高冷

故事讲述 / *张玲玲*

故事整理 / *张静雅*

场景记录 / 陈园园（P147·149·158—159·164）& 张玲玲（P150·167）& 张蔼（P153）& 陈月儿（P156·162·163）

纯子和厉厉

能夸夸它们吗？

——*好看。*

哪里好看呢？

——*现在对高颜值的标准都可以在长颈鹿身上找到踪影。*

天色渐晚，又到了长颈鹿馆下班的时间。

"厉厉，下班了！"张玲玲话音刚落，一只在长颈鹿种群中身形尚算小巧的长颈鹿便从远处拔腿而来。

"纯子，下班！"旁边场地中一只成年长颈鹿也迈着缓慢的步伐向笼舍踱来。

……

在张玲玲的召唤下，户外场地的 5 只长颈鹿依次回到笼舍中。张玲玲和其他饲养员分别上前亲昵地和长颈鹿们道别。

每天下班时，长颈鹿馆都会上演这样温暖的场景。至此，张玲玲一天的饲养工作圆满落幕。

"一般饲养员过来了，它们就过来了。"

　　张玲玲是因为需要开展人工育幼工作才来到长颈鹿馆的。这项工作与她的专业背景相关，之前在斑马馆的工作经历也让她积累了足够的经验。

　　来到长颈鹿馆后，她和同事一共经历了两只长颈鹿的人工育幼工作，分别是厉厉和小七。它们的妈妈纯子之前已经生养过几胎了，生下厉厉之后，它却出现奶水不足的情况，这时就需要饲养员的帮助和配合。张玲玲和其他饲养员们决定用人工补奶的方式给小鹿补充营养。

　　但纯子并不是一点奶水都没有。喝过妈妈奶水的厉厉发现妈妈的奶水实在美味，人类准备的牛奶哪里会有妈妈的奶水好喝？不喝！脾气和爸爸圣诞一样，有些暴躁的厉厉执拗起来谁劝也不听，有时还和张玲玲他们"炝蹶子"——这可不行！营养跟不上，小鹿怎么变成大鹿呢？为了让它健康地长大，势必要动点小脑筋让它吃进奶去，可尝试了许多办法后厉厉还是各种不乐意。

　　"跟正常的小孩子是一样的，小孩子就是不吃，那你就要用点小武力了。"饲养员们最终决定三四个人配合着控制它，才让它自觉喝进奶。是的——自觉，如果厉厉一点也不配合，"就算 14 个人也别想让它喝进去"。

轮到弟弟小七时，情况也如出一辙。小七生下来第二天身高就达到了 1.84 米，超过长颈鹿馆所有男性饲养员的身高。还好它和妈妈纯子相似，个性比较温和文静，人工补奶的操作进行得还算顺利。

日子一天天过去，两只长颈鹿已经能在场地中健康快乐地玩耍了。因为是经由人工育幼长大的，两小只十分黏人，看到张玲玲的身影，它们便会靠过来，用亲昵而好奇的目光打量着她。张玲玲笑着说："一般饲养员过来了，它们就过来了。"

它们之间也是极其亲近的，是彼此最好的玩伴。只是姐姐厉厉从小就刁蛮活泼，有时不想和弟弟分享树叶，就会轻抬蹄子发出小警告，不让小七碍它的事。

"动物和人之间是要有一个默契度的。"

长颈鹿目前主要生存于非洲，是一种领地意识并不强的群居动物。它们是草食动物，性格柔顺温吞，步伐悠闲，善于交际，总是形成松散的群落。长颈鹿往往用一双棕色的大眼睛，骨碌碌地向四周探看，再加上它们敏锐的听觉和可以快速奔跑的四肢，减弱了大体型给它们造成的笨拙感。长颈鹿是一种相对来说比较安静的动物，因此有人以为它们没有声带，是哑巴。其实不然，它们的声带极其特殊，只有在情急之下才会发出一点声音，它们还能发出人类无法听到的次声波。

长颈鹿馆的位置绝佳，位于红山森林动物园的中心地带。户外场地视野开阔，来往的游客能够以一个对于动物和人都相对安全的距离观赏到迈着大长腿、眨着大眼睛、悠闲而安静地吃着树叶的长颈鹿们。

由于性格温和，长颈鹿与饲养员们总能很快地熟悉起来，这种熟悉需要建立在信任的基础上。张玲玲与长颈鹿建立信任的主要方式就是食物诱惑："一般来说，就是你手里拿着吃的，去跟动物多聊天，这样建立起关系来。"

信任建立起来的同时，张玲玲发现还需要摸清楚长颈鹿的脾气。"如果大鹿不信任你的话，它就会朝你直冲过来，把你从它的领地里赶走；大鹿若信任你，并且感觉到你的小心翼翼，就会自动远离你。但如果它不喜欢你，就会一直跟着你，直到把你从它的地界儿里赶走；更离谱的，会直接把你从它的领地里踹走。"

动物园的动物相对于野生种群来说都比较亲近人，这样的亲近可以让饲养员们更快地熟悉它们的脾气，从而更好地去喂养和照料它们。张玲玲有时会发现长颈鹿的嘴呈现半咧的状态，长颈鹿若在进行行为训练时做出这样的表情，张玲玲就知道长颈鹿开始不耐烦了，这个时候需要结束训练。如果不熟悉动物，不能很好地"察言观色"，动物很有可能产生逆反心理，这对接下来的训练和管理造成不利影响。

几只长颈鹿总是能听懂饲养员们的指挥，知道该上班了、该下班了，除了个别有时贪玩不听话，大多数都能对张玲玲的指令做出很快的反应。"动物和人之间是要有一个默契度的。"张玲玲认为，这样的亲近与默契对于动物来说好处大于坏处。大多数动物园饲养员会通过精神状态、食量和粪便等来判断动物是否生病了，比如有些动物站在那里一动不动，或者突然不怎么吃东西，就知道出现问题了。但对于长颈鹿来说，这样的做法也许还不够谨慎。"大型动物一般不会出问题，等问题被看到一般就很严重了。"

同时，张玲玲认为动物园中的动物虽然大都在动物园出生和长大，但和野生种群一样也会隐藏自己的天性："它会隐藏自己的痛苦，和在野外一样，不到最后一刻不会倒下来。这是一种天性，为了不被它的天敌发现。"

"你要喂养它，就要对它的身体负责。如果动物不亲近你，它有什么大毛病你都看不出来。"所以，和动物建立良性的信任关系，并在彼此间达到一个默契度，这对于饲养员开展工作来说是格外重要的。

"要保持动物的新鲜感。"

　　长颈鹿是目前世界上最高的陆生草食动物，但它们并不吃草，只爱吃树叶或小树枝。说到这里，必然会有人猜测是因为它们长得高，脖子长，无论是弯腰还是弯脖子都十分困难，想象一下这场面也是十分滑稽——身高的确是一部分原因，但这其实是长颈鹿族群进化的结果。起初，长颈鹿祖先的外形同普通鹿科动物并无二致，但因为荒漠或半荒漠地区吃草动物的食物竞争十分激烈，短脖子的长颈鹿逐渐被自然淘汰，在自然选择的作用下，才留下了长脖子、长四肢的族群。此外，长颈鹿是偶蹄目中较为独特的一类，它们的牙齿属于原始的低冠类型，很难咀嚼长在荒漠中的干草。

　　张玲玲发现："饲养动物时很多方面都是相通的，除了个别动物习性不太一样，程序基本是一样的。物种不一样、个体不一样的话，很多东西可以再调整。"她活用饲养斑马的经验，很快适应了长颈鹿馆的工作。

但这并不意味饲养工作可以完全轻松、顺利："困难是天天有的。"张玲玲认为对于长颈鹿来说，最重要的就是"要保持动物的新鲜感"。长颈鹿馆有两块并不完全隔绝的户外场地，为了保持长颈鹿的新鲜感，饲养员会经常调换它们的活动场域。

对于野生种群来说，它们需要不停地寻找食物才能生存。因此，张玲玲也要给几只长颈鹿找点事做，"如果一下子让它吃饱了，它就会很无聊，会出现各种我们不想要的刻板行为"。张玲玲和其他饲养员会准备各类容器，比如一个挖过小孔的桶；他们还会把树枝拴在场地周围的笼网上，这需要找好角度，因为不能让长颈鹿一下子就吃到。采食时，长颈鹿的舌头会伸出来，灵活地把嫩树枝和树叶卷走，这不仅可以让它们获得觅食的乐趣，还能锻炼它们的舌头。

但是，如果丰容挂了1星期还挂在同样的地方，动物也就无感了。"天天用同样的方式丰容，等于没有丰容。"所以场馆内的丰容基本上每天都需要进行变换，为此，张玲玲和其他饲养员常常查阅资料，并结合场馆现有设施进行丰容的设计和摆放。

长颈鹿作为陆地上最高的动物一半得益于它们的长脖子，长长的脖子除了增高还有很多的用处，能够吃到更高的食物是最显而易见的作用。其次，长脖子也是他们的武器，长在长脖子上的大眼睛就像安装在瞭望塔上的瞭望哨随时观察敌情，在逃跑时脖子也会起到平衡的作用，同时，长脖子也会在抢夺配偶权和与配偶交流感情时发挥作用。另外，对于在非洲草原上生活的它们来说，长脖子可以作为降温的"冷却塔"，大面积的皮肤有利于热量的散发，从而很好地适应环境。

长颈鹿"厉厉"和同伴们

"现在对高颜值的标准都可以在长颈鹿身上找到踪影。"

在饲养长颈鹿以前，张玲玲以为只有小动物才称得上可爱，而如今她发现大型动物也可以很可爱。

她觉得长颈鹿的颜值是动物中最高的，"现在对高颜值的标准都可以在长颈鹿身上找到踪影"。灵动的大眼睛、纤长的睫毛、挺拔的脖子和灵活的长腿……让看起来温良无害的长颈鹿更加惹人喜爱。

除了可以作为高颜值的代表，长颈鹿和我国传说中古老的神兽麒麟也有几分说不清道不明的渊源。麒麟是我国传统的祥瑞之兽，有天下太平和长寿之兆。因为寄寓吉祥，所以它常被制成各类饰物或摆件置于家中用以祈福；有时也被用来比喻才华突出的人才。

《瀛涯胜览》一书中曾有如下描述："麒麟，前二足高九尺余，后两足约高六尺，头抬颈长一丈六尺，首昂后低，人莫能骑。头上有两肉角，在耳边。牛尾鹿身，蹄有三跲，匾口。食粟、豆、面饼。"一般认为，神话中的各种神兽都是有原型的，麒麟也不例外。很多学者认为，长颈鹿的样貌就十分符合古书中对于麒麟的描述。

这番猜想也是有依据的。明代郑和下西洋期间曾抵达东非，当地的语言对其的称呼"基林"（giri）音似"麒麟"。再往前看，先秦史书中有记载"西狩获麟"的故事，代表这一神兽曾被人类捕捉到，那么它应该是一种存在过的动物。于是有人想到，中国所有古生物中最接近麒麟形象的，便是古长颈鹿中的萨摩麟，萨摩麟是现代长颈鹿的祖先，在广州博物馆中展出了一块该生物的头骨化石。总而言之，目前虽然没有确切的证据，但长颈鹿和麒麟确实有几分脱不开的关系。

红山森林动物园这几年致力于向现代动物园的标准靠拢，饲养员们在工作中也十分关注所饲养动物的福利提升。张玲玲对于动物福利的认识就像她本人一样简单而直白："只要让我们养的动物健健康康，没有什么刻板行为，有一个积极向上的精神状态，动物福利就基本到位了。"

刚来到长颈鹿馆时，张玲玲对之前饲养的斑马十分不舍，养了长颈鹿两年多以后，她和长颈鹿们也结下了深厚的感情。她十分开心地表示："现在我们动物园有一个计划，会对场地进行改造和升级，以后长颈鹿、斑马等动物就能混养了，这也是现代动物园的发展趋势。"到时，张玲玲也可以圆梦了。

这对它们来说是件好事吧？

——好事呀。

——到时就像在非洲大草原那样，动物们可以更加快乐地生活了。

张玲玲

座 右 铭	精诚所至，金石为开
星 座	摩羯座
籍 贯	河南省开封市
专业背景	动物遗传育种
入园时间	2016
工作场馆	长颈鹿馆
动物朋友	斑马、袋鼠、长颈鹿

"在场的所有人都被这种只有在电视剧里才能看到的景象感动。"

迎接与守候

　　在动物园里，我们这些饲养员总是怀着紧张又激动的心情迎接新生命的到来，再带着始终如一的细心与耐心守候着它们不断成长。

　　花花是我来斑马馆之后出生的第一只斑马。花花的妈妈叫薇薇，它的整个孕期都是我在照顾。在薇薇快要生产的几天里，我按捺不住激动的心情，上班十分积极，每天早到晚归，就希望能多照顾一会儿。2017 年 3 月 12 日凌晨，花花出生了，我原本激动的心情却一下子被泼了一盆冷水。

花花出生之后，我们这些饲养员就一直目不转睛地观察着新生命。可将近 10 个小时过去了，花花还是没有吃到一口母乳，它的状态也一直在下滑。刚开始还能低着头走两步，后面却呆呆地站着不动，最后彻底瘫软倒下来。看着它这样，我的心情也一落千丈。薇薇在旁边一遍又一遍地踢花花试图让它站起来，我们几个人在一边也商量着对策，想走到花花身边给它做个检查，但又害怕人工介入后，花花会被薇薇彻底遗弃，同时也担心薇薇根本不允许我们接近。时间一分一秒地过去了，我们越来越焦急，最后抱着试试的态度，决定先把花花从薇薇身边转移出来。

在转移的过程中，令人感动的景象发生了。为了顺利把花花转移出来，针对如何将薇薇支开我们做了很多的预案，而事实证明，不是我们的动物不信任我们，而是我们不信任我们的动物。当我们进到笼舍的一瞬间，薇薇竟然主动走到一个角落里远远地看着我们——它真的希望我们去救一下它的孩子！在场的所有人都被这种只有在电视剧里才能看到的景象感动。

花花被抬出来之后，兽医给它做了一个全面检查，确认花花单纯是因为身体虚弱而不能正常地吃奶。经过兽医将近 4 个小时的输液治疗，我们的花花终于站了起来。

花花一回到薇薇身边，第一时间就去吃奶了，当时我们一片欢呼。这件事让我意识到，饲养员也要对我们的动物有信心，它们其实坚强又聪明。

长颈鹿厉厉是在 2019 年 12 月出生的，它是长颈鹿馆纯子的女儿。厉厉出生时，我也被调到长颈鹿馆上班了。

纯子是高龄产妇，它在 2002 年出生，现在已经 19 岁了。它不仅是长颈鹿馆年龄最大的长颈鹿，也是我们场馆的大功臣，目前已经生育了 7 只长颈鹿。

可是生产厉厉后，它出现了泌乳不足的现象，厉厉也就成为我们长颈鹿馆第一只需要进行人工补奶的长颈鹿，这意味着厉厉也得到了我们长颈鹿馆所有饲养员的溺爱。

那段时间，除了日常工作外，长颈鹿馆的饲养员大部分时间都围着厉厉转，这也导致厉厉一度忘记自己是一只长颈鹿，每天都喜欢和饲养员待在一起。为了表达对饲养员的喜爱，在长颈鹿馆里偶尔会上演厉厉追赶饲养员的场景。饲养员一度绕树而跑，我的脑海里也时常会涌现出秦王绕柱的画面。

类似这种不和谐的现象让我们饲养员感到十分尴尬和苦恼，怎么办呢？针对改变厉厉认知问题的讨论会开始了。

我们一致认为需要减少和厉厉的接触时间，除了喂奶，其他时间要让它和同伴接触。当时的厉厉每天花费大部分时间寻找饲养员的踪影，可以说是很不合群。做出调整后，随着时间的推移，厉厉和同伴待的时间越来越长，慢慢地已经看不出人工介入的痕迹了。

2020 年 5 月，厉厉的弟弟小七出生了。有了饲养厉厉的经验，我们对于小七的照顾就比较得心应手。小七的性格与厉厉截然相反，它俨然是一个稳重的男孩子。

它俩相遇后的画面十分和谐，厉厉的性格也变得沉稳起来，有了点大姐姐的味道。有时即使美食在前，如果看不到小七的影子，厉厉也会拒绝采食。我很高兴，厉厉终于认识到自己是一只长颈鹿，也能够积极地融入自己的大家庭了。

红山森林动物园的细尾獴馆位于大红山，面积约为 400 平方米，于 2013 年 5 月建成，分为仿石生态的笼舍和模拟野外环境的户外场地。

户外活动场地呈圆形，起初用电网，后改用 1 米多高的玻璃将场地一分为二。居住在北边场地"北半球"的是 1 号群体，居住在南边场地"南半球"的是 2 号群体。

场地中间增设参观隧道，南半球开放隧道入口，上有玻璃形金字塔，地下穿梭至此塔可从细尾獴的高度观察它们的小世界，其设计理念为体验细尾獴在地下穿梭的感觉。户外场地内堆有深厚泥土，上覆盖细沙，全场最深处达 1.5 ~ 1.8 米。另栽种仙人掌等干旱地区植被，堆放大小不一的石块和粗细不同的树干。

沙土混合的场地环境和盘根错节的树根、草根等不仅高度还原了细尾獴野外荒芜的生活环境，也是一种针对南京湿润气候的固土措施。细尾獴可在泥土浅层区域翻刨土壤寻找食物，也可在泥土深厚区域挖掘洞穴居住；放哨时，细尾獴或站在大石头上，或站在树干上站岗放哨，充分展现了种群生活的自然行为。南方雨水充沛且冬季寒冷，细尾獴可在仿石笼舍内度过困难时期。

细尾獴馆

Meerkat

场馆面积
400 平方米

场馆位置
大红山

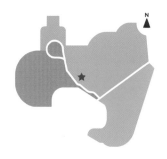

注意事项

请勿投喂食物！

獴物何其多

故事讲述 / *胡兰花*

故事整理 / *张静雅*

场景记录 / *陈园园（P169·171·176—177）& 陈月儿（P173·181·184·185）& 南京市红山森林动物园宣传教育部（P182）& 胡兰花（P188·194）*

细尾獴来自非洲荒漠，我们还可以叫它狐獴、猫鼬、灰沼狸。红山森林动物园的细尾獴家族分为两个群体，獴的数量最多时可以达到三十几只。

它们模样可爱，圆圆的脑袋两侧长有一对新月形的黑色耳朵，脸颊呈锥形，黑色的、湿润的鼻子不时翕动着，可使人觉出它们十足警觉的个性。细尾獴小巧的面孔上嵌着一双又黑又亮的眼睛，和大熊猫一样，它们也有一对"黑眼圈"。细尾獴的"黑眼圈"可以阻隔强光，帮助它们即使在阳光直射的沙漠中，也依然能最快地发现空中的天敌。

8 年前，在猩猩馆工作多年的胡兰花转岗到细尾獴馆。灵长动物颇通人性，胡兰花与她在灵长馆饲养的 3 只猩猩结下了很深的感情。只是碍于那时手上没有相机和智能手机，她没能留下太多与猩猩相处的记录。

胡兰花喜欢读书。来到细尾獴馆后，她决定用文字的形式记录红山动物园细尾獴家族的小故事，积累工作心得的同时也弥补了之前的遗憾。

细尾獴在 CNN 于 2013 年评选出的世界最可爱物种排行榜中荣获第 16 位的宝座。

第一次见到它们时是什么感觉？

——没见着。

为什么？

——像小精灵一样躲起来了。

"要想与它们成为彼此信任的朋友，首先要认识它们。"

相遇在细尾獴馆时，胡兰花和细尾獴都是初来乍到。虽然有多年饲养员的工作经验，也提前了解了细尾獴的生活习性，但生性敏感的细尾獴还是让胡兰花和其他饲养员们一通好找——细尾獴们刚到场馆就不见了！几位饲养员带着担心和焦急将笼舍30多厘米厚的沙地翻了个底朝天，却仍是一无所获。

原来，完全陌生的环境让远道而来的细尾獴感到压力，它们先是挖通木箱钻到沙地里，又从地洞中跑出，藏身在笼舍空心的石头墙中。找是找到了，可把细尾獴从狭窄、冰冷的石墙中捉出又要费一番功夫，胡兰花费尽心思，用4天的时间才将细尾獴们从墙中抓出来。

一场充满艰难、疑虑和莫名激动的"捉迷藏"终于结束了，细尾獴也在胡兰花心中留下了"十分顽皮"的印象。但她知道："要想与它们成为彼此信任的朋友，首先要认识它们。"

认识它们要先观察它们。和猩猩相处多年，胡兰花忍不住将细尾獴和猩猩进行对比。她描述了她在当时写下的感受："对于猩猩，可以描述更多它们与人类的互动，而若要讲好细尾獴的故事，就需要不断观察它们的行为。"

她发现，顽皮归顽皮，细尾獴也是十分聪明的。一些机灵的獴会模仿人类开窗，还有一些知道胡兰花与它们的食物关系密切，不时会跑到窗前看看她。

胡兰花将细尾獴比作"灵活的挖土机"。她发现："细尾獴大部分时间、大多数成员都在埋头挖洞，只有一两只站在那里向外面看着，地面挖了塌，塌了又挖；这只挖累了，那只接着挖，不知疲倦……"细尾獴每只脚上都有4根脚趾，两条前肢总是略微弯曲地摆放在胸前，爪子足有两厘米长，一看就是挖洞的"好手"。在挖洞时，"挖土机"们展现了良好的种群协作特性，其他细尾獴辛勤劳作或者觅食、玩耍时，总有1只或几只细尾獴负责放哨。放哨的细尾獴像站军姿一样双腿直立，警惕地环视四周，让同伴能放心地完成手上的事。

一段时间下来，胡兰花渐渐认识了红山细尾獴家族的每一个成员。在游客眼中模样"没啥差别"的细尾獴们，胡兰花却能精准区分出它们来。她依照样貌或行为特征，为每一只细尾獴取了响亮又顺嘴的名字，比如"斑脸""小八""大黑""可乐"……这是为了更好地辨认和记录细尾獴的个体行为。细尾獴是群居动物，对于群居动物，饲养员不能过多地干预，除非生病，否则不能单独圈养，因此它们时常在一起觅食和玩耍。为了监察到每一个个体饮食和行为的状况，十分有必要对每只獴进行区分。

挖洞是细尾獴的天性，它们最擅长打造复杂而神秘的地下王宫，作为群体休息、逃生的堡垒。

细尾獴

"我发现了它们更多的小秘密……"

长久观察下来，胡兰花也看到了细尾獴更多的群体行为。

为了争权夺利，外表活泼可爱的细尾獴也会露出凶残的一面。红山动物园的细尾獴为了争夺家族的领导权，常常一言不合就开打，上演一场接一场"权力的游戏"。

在胡兰花的记忆中，有一个最过分的家伙名为斑脸，得名原因就是它在打斗时脸部被对方抓掉了毛，露出了黑色的皮肤。斑脸十分霸道，总是欺负同伴，对挑战它权威的同伴穷追不舍，非要扑倒并狠狠教训一番。斑脸在1个多月的时间里，凭借它独有的魄力和智慧，接二连三地用厮杀、驱赶等残酷方式清除了群体中的另外3只雌性竞争者，最终建立了自己的领地。

胡兰花对此颇有感慨："权力不可侵犯，权力的争夺也从来不讲温情。这真是让人难过的事。"而在建立家族之后，红山动物园的两个细尾獴家族间的争斗也无休止，若是某天"没看对眼"，就要隔着玻璃打上一场群架，其战况也相当激烈。毕竟细尾獴种群非常团结，若是一拥而上，连眼镜蛇都不是它们的对手。

一般来说，细尾獴种群的雌性首领具备家族其他雌性没有的权利：繁殖权。在雌性首领生育之后，细尾獴种群中会出现1个到多个"保姆"的角色——未生育过的雌性细尾獴会承担起哺育和保护幼崽的责任。在雌性首领不在时，獴保姆会在地下洞穴中看护幼崽；在地面玩耍时，保姆也会一步不离地看护幼崽，若有危险出现，会拼尽全力保护幼崽，让它们免受伤害。

在胡兰花的记忆中，斑脸的孩子们曾有一个非常有责任心的保姆——小八，"它眼尾略向上挑着，就像脸上画了个倒八字"。在承担幼崽保护工作的那段时间，小八除了吃饭几乎都待在地底的洞穴里；獴妈妈的奶水若满足不了幼崽，它会抓来老鼠供小家伙们享用；遇到下雨，即便细尾獴生性不喜沾水，小八也会冒着雨，任劳任怨地将幼崽一只一只地叼回屋中，之后继续一步不离地守护它们。

小八的存在也让胡兰花很安心："雨后的细尾獴总是一派忙碌，只是仍然没有看到小八的身影。于是心中坚信，獴宝宝们一定是安全的。"

"我无法看见细尾獴在地底下发生的一切，唯有更仔细观察它们在地面上的一举一动。"胡兰花并没有办法像细尾獴那样在地上地下穿梭自如，但长期的观察足以让她摸清这些小家伙们的很多行为："我发现了它们更多的小秘密……"

"只要细尾獴们是健康的，能吃好喝好，就比什么都重要。"

细尾獴不像猩猩那样亲近人类，胡兰花更要尝试如何与细尾獴相处，从而能够对细尾獴的生活进行合理而适度的干预，并获得它们的信任。

除了喂食、丰容、笼舍清洁等日常工作内容，胡兰花和其他饲养员还会对细尾獴进行行为训练。细尾獴最主要的行为训练目标是称体重，为了能够顺利获取每个细尾獴的体重数据，胡兰花给每只獴都量身定做了小木墩，先教会它们找到自己的位置，再教它们不争不抢地从自己的位置走上体重秤，称完后再返回自己的位置。

这一步骤看似很简单，但对细尾獴和胡兰花来说是个不小的挑战，总有一两个调皮乱跑的，让胡兰花很是头疼。

渐渐地，行为训练走上正轨，胡兰花却发现了行为训练的两面性：细尾獴开始亲近人类了，机灵点儿的甚至会向游客乞食。这也导致细尾獴馆的投喂现象频繁出现，在此要呼吁各位游客，喜欢它们也不要投喂！它们有专门的营养师，不要为了自己一时的快乐让细尾獴承担本不该承担的健康风险。

行为训练

　　在胡兰花的记忆里，点点的去世最令她惋惜。点点是个灵活的胖子，从一个被家人呵护、"只知道吃喝玩乐"的獴崽子，成长到一个日渐强壮、自觉承担起家族责任的獴战士。点点聪明又坚强，刚开始的几天胡兰花并未察觉它有不适，它像往常一样看起来精神很好。依据往常，胡兰花会通过细尾獴的精神状态判断獴是否感到不适，若是其他獴生病，早就蜷缩在一旁了，而生了病的点点看到她依然十分积极，还翘着尾巴。但接连几天下来，胡兰花发现它吃得少了，一下子瘦了400克左右，再之后毛也不顺了，胡兰花知道它这是病了。发现异常后，胡兰花迅速请来医生给它医治，可惜一番努力下来，点点还是去世了。

　　所以胡兰花养动物，非常注重一件事："只要细尾獴们是健康的，能吃好喝好，就比什么都重要。"

"一群非洲来的精灵漂洋过海来到了这里，落户在这座城市。"对于适应荒漠环境的细尾獴来说，南京湿润的气候是个极大的挑战，因此晴天格外宝贵。一到晴天，一只只眨巴着圆圆大眼睛的细尾獴最喜欢做的事情就是靠在玻璃屏障旁边惬意地晒太阳，或张望，或蹲立，或慵懒地蜷缩在一旁。

　　胡兰花最喜欢看它们一起出来晒太阳，她的手机里保存了很多张晴天时细尾獴家族蜷在一起的照片，看着它们惬意的神情，就会感到十足的安心。有时胡兰花会在场边呼唤它们，它们若是愿意，便会跑来围靠在玻璃墙边，和胡兰花一起沐浴在温暖又舒适的阳光下。

现在有什么感觉？

——它们像小精灵一样。

——它们聪明又勇敢。

胡兰花

座 右 铭　一本书像一艘船，带我们从狭隘的地方，驶向生活的无限广阔的海洋
星　　座　金牛座
籍　　贯　江苏省南京市
专业背景　动物科学
入园时间　2001
工作场馆　细尾獴馆
动物朋友　鹤、长颈鹿、大熊猫、黑猩猩、红猩猩、细尾獴

"智慧与勇敢之花一开始并不会绽放，
只有在成长的环境中不断被激发才会展示绚丽夺目的美丽。"

曾经最美

•••••••• 胡兰花

　　紫藤花开了，静静地开了，开在温暖的春光里，我轻轻摘下一串来到熟悉的地方，一排石屋，前面两个山坡，山坡中间嵌着一个玻璃金字塔。

　　温柔的春光抚摸着大地，万物悄悄醒来，山坡周围是满世界的缤纷。山坡上的荠菜花也成片地开了，将荒芜了一个冬天的山坡点缀得别有一番清新的味道。细尾獴家族同往日一样在山坡上晒着太阳。

　　"过来，过来！"我轻声呼唤着它们，便有几个熟悉的身影迅速向我在的地方跑过来。

——是不是很疑惑？动物竟能听懂你的语言？

我和獴们的友谊有 8 年之久，可谓根深蒂固。獴们早已熟悉了我的样貌、声音和气味，我们之间简单的交流已经无须口哨的辅助。如果想要再深一点的交流，还可以借用响板和目标棒。

率先跑来的是家族女王獴妈妈小小、獴爸爸弓背，后面紧跟着它们最小的孩子可乐，接着是忠实护卫小段和无名氏。咦？聪明活泼的小胖子点点呢？我环视四周依然没看见。

"点点！点点！"我高声叫喊起来，山坡远处的石头缝里突然冒出个小头。它看见我了，瞬间以迅雷不及掩耳之势冲到我面前，脑袋上还"长"了一根青草，模样憨态可掬。它歪着头，睁着一大一小的两只眼睛瞅着我，我拿着紫藤花逗弄它，它斜瞄着眼左跳右闪，机敏地逃开了。

点点很胖，胖得都不像个獴，但是个灵活的胖子。

今天我要做个紫藤花环给点点戴上，有了昨日戴荠菜花环的经历，点点似乎很快明白了我的用意，它十分配合地让我给它戴上了花环，接着便尽情地享受美味的虫子。

"酒足饭饱"后，它便坐在木桩上享受温暖的阳光，那镇定自如、春风得意的神情仿佛在告诉它的同伴、告诉我，自己是多么与众不同。

戴着紫藤花环的点点

没多久，它不爱受束缚的野性显露出来了，只见它在地上左右翻滚着身体试图蹭掉花环，但是没成功，又跑到洞口边像蹭痒痒似的来回蹭着它那粗短的颈脖子，终于弄掉了这个累赘，随后便欢快得像匹小马驹四处奔跑。

的确，在如今两个獴家族里，点点的聪明可是有目共睹的，胆量也是独领风骚——我非常喜欢它。

智慧与勇敢之花一开始并不会绽放，只有在成长的环境中不断被激发才会展示绚丽夺目的美丽。点点两岁多时，家族发生了所有细尾獴家族逃不掉的生存法则——女王竞选。

在这之前，点点是个无所事事、快乐而又胆怯的獴崽子，不仅受到妈妈小小的呵护，还有女王外婆小黄的庇护。细尾獴家族世代追求的就是"獴多力量大"，它的到来或许让女王感到了家族再一次振兴和繁荣的可能。

点点每天除了吃喝玩乐，还是吃喝玩乐，偶尔会做个小哨兵。有时看似在站岗放哨，却更像是洗了个日光浴，站着站着竟然打起了盹——身体左摇右晃，一个没稳住便栽倒在土里，又强打着精神站起来，可没多久又开始摇晃，那样子让人看了忍不住哈哈大笑。它还是个十足的吃货，在山坡上一路走，一路找吃的，不出意外地越来越胖。只是每每遇到南北两獴家族战争时，点点总像个受惊的兔子，立马躲得远远的。

无忧无虑的日子总是很短暂。在一个阴沉的早晨，家族里一只年长的雌性獴向女王发起了挑战，一番酣战后，女王击败了挑战者，可自己也受了伤，加上年老体迈，此后身体健康每况愈下。这时的点点总是形影不离地陪着外婆小黄，细心地帮它梳理那不再油亮的毛发，有时还亲昵地倚靠在小黄身上，小黄却再无力承受其重。

　　一个夕阳未落的傍晚，外婆小黄步履蹒跚地独自进了洞穴，从此再也没出来过。

　　此后一连几个白天，当其他伙伴都在山坡上觅食玩耍时，点点时常会到洞里看看，有时守在洞口很长很长时间，像是站岗，但更像是在守护着外婆小黄。它的表现令我十分动容。

王位毫无悬念地转移给了点点的妈妈小小，虽然点点也可以继承王位，但它还留恋着那无忧无虑的日子，只想做个快乐的獴崽子。

　　一段时间过去，妈妈小小又生仔了，谁承想它竟当起了甩手掌柜，隔三岔五要到北半球家族串个门交际一番，毫无心思领导家族也无心顾仔，真是獴家族历代女王中的一朵奇葩啊。渐渐地，我发现点点挑起了家族的担子，它尽心尽力地照顾弟弟妹妹们，有时遇到与自己唱反调的照看者，就毫不客气地向对方发出"喳喳喳"的呵斥声，粗壮体格透露出的强悍之风让同伴们望而生畏。呵，这保姆当得可与斑脸家族的小八相媲美，唯一差别就是小八"干"起饭来与点点比真是小巫见大巫啊。

这天，点点又带着弟弟妹妹们四处溜达，一只成年雄孔雀"啊喔⋯⋯啊喔⋯⋯"地叫着，从天而降落到它们的山坡上。这也许是两个物种第一次会面，可能它们的祖祖辈辈也不曾见过面。体型的差异让细尾獴们感到十分恐惧，年幼的、胆小的尖叫着闻风而逃，迅速躲进洞穴里。小小也混入其中溜之大吉，只剩下点点，它镇定自若，尾巴竖得笔直，像个冲天辫，头顶两侧毛发也直立起来，锐利的目光紧紧盯着眼前这个巨鸟。

双方起初警惕地相互打量着，只过了一会儿，雄孔雀就傲慢地迈开大长腿在山坡上闲庭信步了，俨然是对眼前这个小不点不屑一顾。点点发出短促而有力的"嘎嘎"声表示对这个领地入侵者的警告，雄孔雀顿了一下便充耳不闻地继续雄赳赳气昂昂地走着。

突然，点点一直强压的怒火爆发了，它主动扑了过去，一场真正的"战争"由此拉开序幕。双方都使出了各自独有的利器向对方发出攻击，速度之快让人目不暇接。双方战斗得尘土四起，草木凋零，连隔壁獴家族也跟着紧张起来，它们竖起尾巴弓着背，叫的叫、跳的跳，挠玻璃的、刨土的⋯⋯明摆着是为点点加油助威，毕竟都是同物种。

短短几分钟，这场激烈的战斗就接近尾声，雄孔雀转身疾步逃走，落下几根美丽却残败的尾羽。点点赤手空拳将入侵者打跑了，它"咕噜咕噜"叫得更大声了，连带着腹部肌肉都在颤动，又跳上山坡最高处向四方眺望——这是胜利者的最美姿态。可当它转头时，我才看到点点的右眼血肉模糊⋯⋯

1个月后，点点被孔雀啄伤的右眼逐渐好转，但也落下了眼疾——不仅眼睛变小了，视力也受到了影响，无法像往常那样迅速找到食物，让人很是心疼。不过，在家族里如此担当奉献，它丝毫没有变瘦，还是那么肥壮。

　　为了细尾獴家族在异地能更好地健康生长，我要给它们定期称体重，长期监测并控制食量。

　　别看细尾獴长得小，但它毕竟是野生动物，具有极强的警惕性，称体重可不那么容易。

　　起初它们是一脸蒙，完全不搭理我。后来我通过响板和目标棒，再加上一些正强化行为训练，终于能与细尾獴开展有效的沟通：它们能明白我的意思了。

　　可是，每次称重，群体里总有那么几个"出头鸟"，争先恐后地跳上体重秤，将胆小的伙伴挤到一旁。有时几只一同站在秤上，有时就在秤旁边打斗，现场鸡飞狗跳无法控制，让我焦头烂额。点点就是一只"出头鸟"，特爱霸秤——你看，它现在还喜欢在秤上放哨晒太阳。

　　俗话说："没有规矩，不成方圆。"无疑，它们还需要"深入学习"称重的规矩。于是我给它们每一个量身定做了小木墩，先教它们定位，再教它们不争不抢地从自己的定位点走到体重秤，称完体重再返回到自己的定位点。只有这样，它们彼此间的干扰才会大大减少。

正在称重的点点

步骤看似很简单，但对它们来说是个不小的挑战。

它们对眼前的木墩十分好奇，一会儿在这个木墩，一会儿又到那个木墩，十分随心所欲。经过一番指导训练，点点很快选好了自己的位置，这个木墩表面光滑，牢固稳当，还正对着我，妥妥的"C位"呀。嘀，它的小心思别人不知道，我可清楚得很，它想更容易获得我的关注，从而有更多机会获得食物奖励。

仅 1 天工夫，点点就完成了定位和有序称重，整个过程一气呵成。它是真正明白了我的意思：目标棒点到谁，谁才可以从自己的定位点下来；走上秤，称完再回到自己的定位点，相互不能干扰。我很高兴——真是个聪明的家伙啊！当伙伴干扰它时，它就发出急促的"喳喳喳"一顿呵斥。有时胆小的总走一步停一步，生怕前面有危险似的。点点看在眼里，急得在自己的木墩上直跺脚，有时忍不住要做个示范——这聪明的小家伙还是个学霸哦！

　　满枝的紫藤花如期盛开了，开在温暖的春光里，也开在了记忆的深处。此时，我手里的紫藤花瓣竟被啃了一地，是可乐吗？还是无名氏、弓背？但我知道永远不会是它——点点。

　　它是最美的。

节选自《獴的观察日记》

大熊猫馆于 2008 年 4 月建成，2017 年 9 月升级改造完成。充分利用熊猫馆原有空间、所在地形，积极采纳大熊猫保护研究中心对馆舍改造方案提出的建议，经过多番科学论证，将原先总面积约 1000 平方米的大公寓升级到目前的 3000 平方米超级豪宅。

　　卧室由原先的 3 间扩至 9 间，满足不同需求；外运动场由原来的 1 个增加至 3 个。如此大的居住空间，为将来熊猫种群扩大打下了坚实的基础。虽然厅、室众多，却室室相通，一方面便于保育人员对大熊猫进行医疗体检、训练等日常的管理，另一方面也让大熊猫能经常换换空间，保持"新鲜感"。

　　除原有的第一运动场保持原有面积，新建的第二运动场还有一处"秘密基地"，通过行为管理，游客可以近距离观察熊猫，而大熊猫却可以丝毫不受打扰地在它的"老巢"里优哉游哉。

　　值得一提的是，面积达 1100 平方米的第三运动场完全是一个生态运动场，里面有高大的乔木、低矮的灌木丛，几乎和大熊猫在野外的生态环境一样。模拟野外生存环境，让大熊猫展示自然行为，也是大家共同的心愿，如果大熊猫在这里玩耍，游客朋友想要看到它们，着实要费一番功夫：也许它们在树上，也许它们隐在草丛中……

大熊猫馆

Giant Panda

场馆面积
3500 平方米

场馆位置
大红山

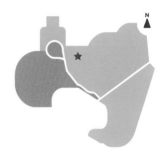

请勿敲击玻璃
及投喂食物！

顶流来了

故事讲述 / 祝朝怡

故事整理 / 袁妍晨

场景记录 / 何东旭（P197）& 陈园园（P199·204—205·208·211左3）& 祝朝怡（P201·213）& 陈月儿（P210·211左1—2左4）& 南京市红山森林动物园宣传教育部（P214—215）

一进入红山动物园，除了狐猴岛以外，最引人注目的便属大熊猫馆了。大熊猫馆里人来人往，回荡着游客的欢笑声，不时地能听到孩子难掩的看见大熊猫的兴奋之情——

"妈妈，快看，我看见熊猫了，看见熊猫了！我看见大熊猫了！"

"大熊猫在打呼噜。"

"大熊猫快起床啊！"

饲养员祝朝怡自从事饲养工作以来，兜兜转转最终还是回到了大熊猫馆，初为人母的她看着自己饲养的3只大熊猫，满眼的慈爱与宠溺。她低垂着眼睛，定定地看着它们，时而伸出手介绍，她的语调轻柔而坚定，像是在介绍自己的孩子们——

"这位是和和，和老板。"

"那位是九九，九仙女。"

"在这边的运动场里待着的是我们的平平，大暖男。"

大熊猫饲养员祝朝怡回忆起早上喂食的情景："今天我一喊名字，平平就乖乖地踱到我这来了，真是太幸福了。但它们有时候也会像调皮的孩子，听到了假装听不见，喊很久都不理我。"说这些的时候，祝朝怡的脸上泛起微笑，像是在吐槽自家孩子，真是甜蜜的烦恼呢！

说来也巧，祝朝怡的宝宝第一个认识的动物就是大熊猫，"入了这行并且选择红山动物园也是一件幸事"！孩子到动物园观察学习，祝朝怡说，这对于培养孩子的爱心和责任心有极大的好处："我觉得这对他的成长是很有意义的。"

妈妈在哪上班？

——在动物园。

在动物园干吗？

——养熊猫！

"每只'猫'长得都不一样，性格也不一样。"

运动场里的成年大熊猫不能饲养在一起，大熊猫属于独居型动物，饲养员会根据不同运动场里的熊猫来更换展示的熊猫名片，方便游客辨认熊猫。在普通游客眼里，它们似乎并没有太大的分别，但作为大熊猫的饲养员，祝朝怡眼里的大熊猫是什么样的呢？她说："每只'猫'长得都不一样，性格也不一样。"祝朝怡全程亲切地称大熊猫为"猫"。

"红山动物园里有 3 只'猫'，大暖男平平就是 3 只熊猫中唯一的雄性，它的体格比和和和九九要大一些。和和、九九是一对双胞胎姐妹，和和是姐姐，比九九要重一些，九九是 3 只中体型最小的一只。九九的体重为 97～98 千克，和和为 101～109 千克，平平是男生，数它最重啦，体重为 127～128 千克。"祝朝怡介绍时声线平缓，娓娓道来。

大熊猫皮肤厚，最厚处可达 10 毫米。"刚出生的大熊猫皮肤是粉粉的，出生之后慢慢长大，皮毛才会慢慢变黑，其实黑毛下面还是肤色。但黑白两色并不是纯黑和纯白。"祝朝怡指着科普展板上的大熊猫幼崽的图片讲解道。"很多人来动物园会说熊猫为什么这么脏，"祝朝怡的语气显得有些无奈，"其实是大熊猫的皮毛上有油脂，在它活动的时候，皮毛上会沾到青草啊、泥土啊、树皮啊等周围环境的颜色，所以这个颜色就不会是纯白的。"

很多人看熊猫就像我们看外国人一样，分不清长相。其实熊猫的长相和人一样，有很明显的区别。生活在红山动物园里的 3 只大熊猫性格各异，长相也不尽相同，通过外形特征便可以区分它们。据祝朝怡介绍，3 只大熊猫当中，平平最特殊的就是它的头，头很大，鼻梁很宽，体格很壮硕。"平平很乖巧，但拍照需要找角度，女生们就长得比平平秀气。"祝朝怡指出，"和和的鼻梁比较尖，头很圆，九九的右耳朵偏小，右耳朵前面有一撮小黑毛，女生们怎么拍都好看。"

大熊猫在离祝朝怡很远的地方，脸上的表情看不太真切，祝朝怡打开手机相册："我的相册里几乎全是大熊猫和我儿子的照片。"祝朝怡捂着嘴笑着，带着几分老母亲的幸福与娇羞感。刚说完，大熊猫的运动场里就有白色的雾气从管道里排出，颇有些"人间仙境"的效果，煞是好看。祝朝怡解释道："大熊猫喜冷怕热，在阳光很好、天气干燥的日子，我们场馆的雾森系统便开始运作。"

大熊猫的作息主要由"进食"和"休息"两部分组成，祝朝怡调侃道："大熊猫除了吃就是睡，不是在吃，就是在寻找吃的路上。如果遇到下雨天或者下雪天，大熊猫们就会展现出比平时更活跃的一面，兴奋地爬到树上，钻到雪里，沉浸在大自然变化的点滴快乐中。"

大熊猫是爬树小能手，爬树的行为一般是临近求婚期，或逃避危险，或彼此相遇时弱者借以回避强者的一种方式，"出于对大熊猫安全的考虑，不是所有的树都能让它们爬的"。祝朝怡指着一些树干上套着塑料圆筒的树对我们说，"像那些树就不可以，太危险了"。

飞雪里的熊猫

"大熊猫是被萌化的形象，但其实它本身还是有一定攻击性的。"

祝朝怡被问及现在游客对大熊猫的认知是否全面时，这样说道："大熊猫是被萌化的形象，但其实它本身还是有一定攻击性的。大熊猫其实是一个吃素的食肉目动物，但有些游客对大熊猫的认识有些片面，会觉得大熊猫就应该和人十分亲近。但事实不是这样的，我们要保持安全距离。"

祝朝怡觉得大熊猫在她眼中很特别，她说："大熊猫除了可爱，一般做事情不紧不慢，它的眼睛先天近视，但是嗅觉很好，后腿走路内八，走起路来摇头晃脑，非常可爱。"

在数百万年的进化中，和大熊猫同时代的很多动物都灭绝淘汰了，唯独它经过种种磨砺生存下来，作为黑马"C位"出道，人送名号"远古活化石"。能成为历史的幸存者，大熊猫肯定不仅仅是我们眼中那么憨态可掬，祝朝怡感叹："能活下来还是有几把刷子的！"

关于大熊猫名字的由来也挺有意思。大熊猫是中国特有物种，主要栖息地是中国四川、陕西和甘肃的山区。

自古以来，大熊猫就是神秘的奇珍异兽，有许多有趣的别称。

到了近代，它的学名本叫猫熊。不过在汉字竖排右书改为横排左书的时期，被误读为熊猫，久而久之，它的中文通用名就被大家公认为"大熊猫"。祝朝怡提及大熊猫的特殊性时这么说道："大熊猫是吃素的食肉目动物，它有食肉目的肠胃，但它现在确确实实吃素。"圈养大熊猫的食谱除了多个品种的竹子、竹笋以外，还有苹果和胡萝卜，以及科学配比的"大熊猫馒头"。

大熊猫在历史上又被称为貔貅、貘、貊、驺虞、白熊、猛氏兽、食铁兽等。

"尊重大熊猫的选择，尊重它的习性。"

　　在谈话过程中，祝朝怡提及最多的两个字是"尊重"，她说："我们尊重动物的选择，尊重它的习性。"

　　"夏天的南京燥热，偶尔阴雨连绵，大熊猫对温度的要求还是很高的，一般这种时候，我需要一大早上班，趁晨光熹微，清晨的露水还在，把熊猫们放出去玩一会儿，在此期间室内的中央空调开始制冷。天气热的时候，小休息间都是开着中央空调的，想出去就出去，想进来就可以进来。"祝朝怡说这些话的时候，目光灼灼，"我们会把所有休息间的通道都打开，任它们自行选择，等它们在外面玩累了，嫌热了，自然就会回来。我们尊重大熊猫的选择，尊重它的习性。"

当了妈妈之后是不是会很辛苦?

——辛苦,太辛苦了。

两者对比下来,您觉得养熊猫容易还是养孩子容易?

——养大熊猫容易啊,养熊猫变成一件容易的事情了!

大熊猫被誉为"活化石"和"中国国宝",是世界自然基金会形象大使与世界生物多样性保护的旗舰物种。截至2021年1月,中国大熊猫野生种群增至1864只,已从濒危动物转至易危动物。祝朝怡对此心生宽慰:"这是全人类努力的结果,大熊猫数量上升了,和它共生的动植物的数量也在上升,你保护了大熊猫的栖息地,也就保护了小熊猫的栖息地,也就保护了……"说起大熊猫的现状,祝朝怡笑得很开心,她亮晶晶的眼睛里盛满了对大熊猫未来的无限憧憬。大熊猫同时能"伞护"同域分布的野生动植物,有利于有效拯救和保护珍稀物种,促进生物多样性的保护。"最近,大熊猫野放工作也在开展,归根结底,保护大熊猫就是保护我们人类自己。"

祝朝怡

座 右 铭　　平凡的脚步也可以走完伟大的行程
星　　座　　天蝎座
籍　　贯　　安徽省宿州市
专业背景　　动物科学
入园时间　　2015
工作场馆　　大熊猫馆
动物朋友　　大熊猫、黑猩猩、红猩猩

"我也像好多同学一样，是被调剂过去的，
但随着在动物园的工作经验的累积，我想我是选对了专业，选对了工作。"

用雪球肥皂洗澡澡的和和

•••••• 祝朝怡

大熊猫饲养员可以和我们的国宝近距离接触，这可能是许多人梦寐以求的工作。我很有幸，来到动物园的第一个岗位就是大熊猫馆饲养员。虽然之后也去过其他的饲养岗位，但也许是我和熊猫之间的缘分吧，兜兜转转，我又回到了熊猫馆。

我毕业于东北林业大学动物科学专业，这是当时的冷门专业，我也像好多同学一样，是被调剂过去的，但随着在动物园的工作经验的累积，我想我是选对了专业，选对了工作。在任职期间，我被派到中国大熊猫保护研究中心学习了 3 个月，有幸在卧龙的大山中感受被大熊猫"包围"的快乐。

目前在我们红山森林动物园一共生活着 3 只大熊猫，分别是双胞胎姐妹花"和和""九九"，还有我们的大暖男"平平"。今天这个故事的主人公便是我们的双胞胎姐姐——和和。

在我平时讲解的时候，经常有很多游客会问，饲养员要给大熊猫洗澡吗？

和和拿起雪人旁边的笋吃了起来

我的回答是——大熊猫是不需要人工洗澡的，它们会自己清洁皮毛，主要通过泡澡或者在雪地里打滚。

记得 2020 年南京的第一场大雪，我们给和和做了一个迷你雪人，雪人的身子大概足球大小，雪人的眼睛和鼻子是用胡萝卜做的，用两根竹竿来当雪人的手，头上用了竹叶装饰为雪人的头发，还顶了一根竹笋。

和和看见了雪人，先是没有理睬这个奇怪的"物体"，而是拿起旁边的竹笋吃了起来。

它快速地吃完竹笋后，猛冲上去，把雪人的鼻子——胡萝卜拿在手里吃掉了，然后用嘴巴咬住雪人一只用胡萝卜做的眼睛，"咔嚓"一口吃掉，再用手拿起雪人的另一只眼睛吃掉，大嚼特嚼，和和可真不愧是我们的"小馋猫"呀！

紧接着，和和又猛地用力拍碎了雪人的身子，趴在还没有被完全拍碎的雪球上面滚来滚去，雪人的身子被和和以绝对的体重优势碾压，顷刻之间被碾得稀碎。之后，和和又抱起了雪人的头，四只脚顶着雪球转圈，然后在自己的黄肚皮上摩擦，擦完了肚皮又擦脸，再擦头，最后还要擦擦后背。等全套动作结束，本来足球大小的雪球只剩拳头大小，颜色也从雪白变成土黄色了。

关于熊猫的故事每天都在红山动物园上演，可爱的大熊猫今天又会发生什么样的故事呢？

繁殖护理中心位于红山动物园动物饲养繁育部办公区后场，紧邻救护中心，不对外开放展出。

　　繁殖护理中心配设动物笼舍、孵化室、育雏室等主要功能区，主要工作目标为：禽鸟类动物人工孵化、人工育雏及禽鸟类动物的人工饲养，并兼具各类动物应急调整饲养、护理的功能。目前饲养的动物主要有：各类雉鸡、美洲红鹳、双垂鹤鸵、环尾狐猴、熊猴、小熊猫等。

　　近年来，繁殖护理中心的功能正在一步一步转变，从原来的雉鸡类饲养场，转变到可以成功繁殖育幼鹦鹉、细尾獴、中美毛臀刺鼠、美洲红鹳、丹顶鹤、双垂鹤鸵等动物的饲养繁殖后场，俨然成为了一个小的动物园。

繁殖护理中心

Breeding & Nursing Center

场馆面积

1200 平方米

场馆位置

小红山

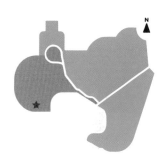

注意事项 ······

非游览区，游客止步

鸟美路子野

故事讲述 / 徐飞

故事整理 / 袁妍晨

场景记录 / 孙涛（P217左·219·221·222）& 陈月儿（P217右·232·233）& 徐飞（P225·229·235）& 陈园园（P226—227）& 闫涛（P236）

第一次见到徐飞，他眯着眼睛笑起来的样子有几分可爱，颇有亲和力的人似乎和鹤鸵这么凶猛的禽类扯不上什么关系。

　　此时，两只鹤鸵正在沙土上散步，沙土经过雨水的浸润变得潮湿松软，每当锋利的爪子在上面划过，就留下一道道棕黄色印记，徐飞指着那两只亚成鸟的爪子说："食火鸡腿部肌肉发达，像美洲鸵鸟一样，它的脚上有3根脚趾，脚爪很长，这黑漆漆的长爪子就像一把解剖刀，随时能轻松撕开敌人的腹部。"

它还认识你吗？

——不认识了，应该。

——有时候我从那边过，它都想踹我。

"等它羽翼丰满，我就怕它了。"

成年食火鸡和幼年食火鸡

2004 年，鹤鸵被吉尼斯世界纪录收录进"世界上最危险的鸟类"，被问起鹤鸵令人闻风丧胆的"杀人鸟"名号，徐飞依旧笑得云淡风轻："现在的小食火鸡还是怕人的，等它羽翼丰满，我就怕它了。"

徐飞眼中的鹤鸵是什么样的呢？"这两只还没蜕变，但成年食火鸡还是很漂亮的，很多鸟成年后都会变得很漂亮。"

徐飞笑着凝视着动物园后场里的两只亚成鸟，继续说道："成年食火鸡还是很美的。它的脑袋和脖子不长毛，脑袋上的皮肤是蓝紫色的，脖子上的肉垂是鲜艳的红。在阳光下仔细看的时候，你会发现它的脖子两侧和脊背会折射出红、橙、紫3种颜色。"

"和其他鸟类一样，食火鸡容易被发光的东西吸引。比如它们看到炭火灰烬时，会上前啄弄并吞下几粒熄灭的炭块来磨碎不易消化的食物，因此被人们称为'食火鸡'。我们现在都习惯性地称它们为'食火鸡'，这个名字比'鹤鸵'更可爱。"徐飞很少说"鹤鸵"这一学名，看得出来，他更喜欢"食火鸡"这个名字。

再提起鹤鸵"杀人鸟"的江湖名号，徐飞依旧笑得淡然："不是因为它会主动猎杀人类以填饱肚子，实际上它主要吃的都是蔬菜、谷物以及水果。"徐飞指着笼舍内的两只亚成鸟说："在保证充足的植物果实的前提下，食火鸡可是个名副其实的素食主义者。像这两只一天要喂七八斤，切好之后，它们直接吞咽，不咀嚼的。"

红山动物园里的鹤鸵主要以果蔬为食，动物医学专业出身的徐飞会根据专业营养师的建议合理搭配饮食，出于健康考虑，每周除果蔬外，还会额外科学安排牛肉和小鼠等动物性饲料。鹤鸵不需要咀嚼，会把切好后的食物直接吞咽下去，未消化完全的食物会拉出来再吃掉。

这不，两只亚成体鹤鸵就上演了一出好戏，小A拉出了一粒小果子，小B立刻如旋风般飞速叼走吞了下去，当真是迅雷不及掩耳呀！

"你吃过鸡蛋吗？"

孵化箱里的鹤鸵蛋有的被黑色记号笔画出了一个又一个的黑色圆圈，外形和颜色像极了大号的牛油果，这黑色圆圈有什么特殊作用呢？徐飞没有直接回答这个问题，他粲然一笑，反问道："你吃过鸡蛋吗？"

鸡蛋自然是吃过的，鹤鸵蛋和普通鸡蛋相比除了个头大点，其他基本类似，都是一头大一头尖。徐飞提出了"气室"这一专业名词，徐飞解释道："也就是每个蛋壳内都有一块空的地方，没有蛋液，这个结构叫气室，一般气室都在头大的一边。"接触到鹤鸵蛋的饲养员会通过强光手电发出的光来观察鹤鸵蛋内部的情况，随着孵化进程的推进，气室也会逐渐扩大。

他们会提前观察并就此标注出最佳的破壳位置，不出意外的话，聪明健康的鹤鸵宝宝会从黑色记号笔画出的气室中间破洞而出。"不过也有例外，有些食火鸡鸡蛋就需要人工助产，但这对饲养员的要求很高，动作太大的话会容易大出血。"

被问起做好饲养员的标准时，徐飞沉思了一会儿，似乎在回忆什么，过了一会儿，他回答道："还是'用心'二字吧，专业是一方面，如果你用心的话，你就可以把一件事情做到最好。"毕竟人工育幼是门细致活儿，能做好的前提无非是徐飞说的"用心"二字，这也是孵化鹤鸵的秘诀。

"不出意外的话，聪明健康的鹤鸵宝宝会从黑色记号笔画出的气室中间破洞而出"

幼年食火鸡

"饲养动物是一个不断积累信任的过程。"

"由于自身的保护机制，小食火鸡现在还是比较怕人的。如果刚出生就一直和饲养员接触，它有可能会把饲养员认成自己的爸爸，这就是动物的'印记行为'。即便是我们从小养到大的食火鸡，成年后，我们还是要隔笼操作，出于安全考虑是不会直接接触的。"饲养员必须隔笼操作，一切以安全为主。说到这，徐飞敛去了笑容，表情有些严肃。

徐飞对于饲养动物有自己的心得，他说："饲养动物是一个不断积累信任的过程。小食火鸡喜欢吃完之后不动，见到人跑起来之后，就会跟着人跑。有时候你会看到，在某个群体里，有一只跑起来，一群就会跑起来，那场面真的很有趣。"他还说，"如果你接触了动物饲养，你就会觉得动物特别可爱。因为跟动物在一起比跟人在一起更舒服，更纯粹。"

　　说这些话的时候，徐飞的目光一直追踪着他饲养的无忧无虑的小动物们，他感慨道："做动物园的饲养员也很快乐的。"他真的很快乐，一直都笑眯眯的。管理禽鸟片区的徐飞看到双角犀鸟在广阔的笼舍内翱翔时，他背着手，站在玻璃屏障外，笑容里含着些许骄傲与自豪："飞翔是鸟儿最大的快乐，在笼舍里，想要畅快地飞翔是不容易的。"

　　小红山的玻璃围栏外有游客，有饲养员，还有参天的树和自由飞翔的灰喜鹊，"有时候我们喂食火鸡的时候，灰喜鹊也会来吃"。他的眼神里流露出几许惬意安然的意味，他指向某个位置，让我们和他一起看他亲手孵化饲养过的成年食火鸡。

印记行为：印记是动物发育早期的一种学习类型，例如跟随反应。

"为这些动物，我们可以做的还有很多很多。"

当被问及动物的生老病死时，徐飞亮晶晶的眼神一下子黯淡了下来。"确实，工作这么多年，经历过许多动物的生老病死，特别是当自己投入十倍百倍的努力之后却依然无法挽回时，那时才是最无助的。"徐飞的声音变得低沉。"你知道这些长腿的鹤鹳类动物，最重要的是哪吗？"这是个设问句，他自己回答道："是腿部。"

这几年出于安全方面的考虑（园区里有黄鼠狼会进入笼舍，杀害禽鸟类动物），徐飞开始尝试丹顶鹤的人工育雏工作。丹顶鹤没有食火鸡这么"野"，徐飞饲养的丹顶鹤由于关键的生长发育期刚好是在南京的梅雨季节，长时间的阴雨，没有充足的日照和运动量来保证营养元素的充分吸收，不得不由他来补充额外的维生素和钙等生长所需的微量元素。但腿部的发育跟不上身体的成长，丹顶鹤脆弱的双腿不足以支撑起自身的重量，这就导致一些小丹顶鹤腿部出现了问题，这也是在鹤类人工育雏过程中常见的，且一旦出现短期内没有好的解决方法的一个问题，为了尽可能地挽救每一个生命，我们开始尝试对出现腿病的小鹤进行手术，去做固定，但是情况并不理想。

为什么它们手术后很难恢复呢？徐飞沉吟片刻，说道："动物和人不一样，人会乖乖待着静心休养，但动物会觉得用来固定的这些东西都是负担，限制了它的行动。因此，有些时候我们的鹤做完手术后病情会出现恶化，甚至加速了它们离开这个世界的过程。"

手术成功就那么难吗？

——*很多时候，小鹤一旦到了手术这个地步，我们能做的就是做好术后的护理工作，但很多时候都是事与愿违。*

　　"如何能够避免出现这些问题，我觉得还是我饲养上有很多不到位的地方，我希望能够找出问题所在。所以在经历了几次失败后，我开始尝试突破固有的思路，结合鹤类自然育雏经验，大胆地调整了饲喂方式和饲料结构。过去的经验告诉我们，鹤在人工育雏阶段要控制动物性饲料摄入的量，控制好体重的增长速度，但是这样操作依然出现了腿的问题。于是我开始结合鹤自然育雏的经验思考，会不会是因为之前对饲料结构和饲喂量的控制，间接导致了小鹤在生长发育阶段所摄入的营养量不够，从而出现了腿部问题。在经过一系列的调整后，小鹤在生长发育的过程中没有再出现腿部问题，直到这时我才放下了一直悬着的心，因为改变是一个未知，在整个调整的过程中，也有过几次自我否定和动摇，但是看到那些同往年的数据对比和动物良好的生长发育情况，我坚定了自己的想法，这一切都是值得的。"

　　"不得已的情况下，任何一只动物的离开，我都希望它有价值，我们需要去找出我们工作中的问题，去改变，去更好地照顾我们身边的每一只动物，为这些动物，我们可以做的还有很多很多。"

徐飞

座 右 铭　不计得失，付出总会有回报
星　　座　天蝎座
籍　　贯　江苏省南京市
专业背景　动物医学
入园时间　2010
工作场馆　禽鸟片区
动物朋友　猕猴、熊猴、狮、虎、袋鼠、小熊猫、狐猴、鸬鹚、鹤鸵、红鹳、犀鸟、
　　　　　鹦鹉、鹤、雉类

"每一个新生命诞生的过程都是险象环生，
有时你会感叹幼小生命的脆弱，有时你会惊讶生命力的顽强。"

一只食火鸡的诞生

•••••• 徐飞

　　每一个新生命诞生的过程都是险象环生，有时你会感叹幼小生命的脆弱，有时你会惊讶生命力的顽强。无论是哺乳动物还是鸟类，都是如此。2018 年我们开始着手尝试食火鸡的人工孵化，小食火鸡"老二"的孵化便是一次挑战性极大的尝试，困难重重。老二是北京媳妇"京妹"和"麟哥"的小宝贝，是那一批第二个破壳而出的小食火鸡。它从出生开始就与众不同，破壳过程略显坎坷。

　　别看它长得小，小家伙可坚强啦！

　　起初，经过长达 48 天的孵化，老二意外地破壳了。但当我见到老二破壳时，我并没有惊喜的感觉。从破壳位置来看，老二并没有将自己调整到合适的破壳位置，这时的老二很有可能夭折。

　　为了让老二可以平安地来到这个世界，我们在孵化机器前开始了长达 20 多个小时的守候，要知道老二的兄弟姐妹从破壳到出来平均只需 3 到 4 个小时。这 20 多个小时里，我的神经高度紧张，它在机器内，我在机器外。我时时刻刻密切关注着老二的一举一动，看到老二在壳内努力地呼吸着，我在心里不禁默默地为它加油。

经过最初的 4 个小时的等待，在壳内的老二却依旧没有扩大破壳点，于是我们不得不进行人工助产。由于整个蛋内壁遍布血管，但凡有一点不小心，都会导致老二出血并可能死亡，所以我们在助产时一直小心翼翼，帮老二一点一点地扩大洞口。

当然我们的帮助只是暂时的，不能一次性粗暴地帮它从蛋壳里出来，这中间必须要老二自身的努力。因为老二只有通过自己的挣脱，才能拥有足够的抵抗力，并获得足以面对这个世界的勇气。这样老二在破壳之后，才可以成长得相对更健康。所以每次我们帮老二扩大一点后，都会把它重新放回机器中，让它自己去挣脱。

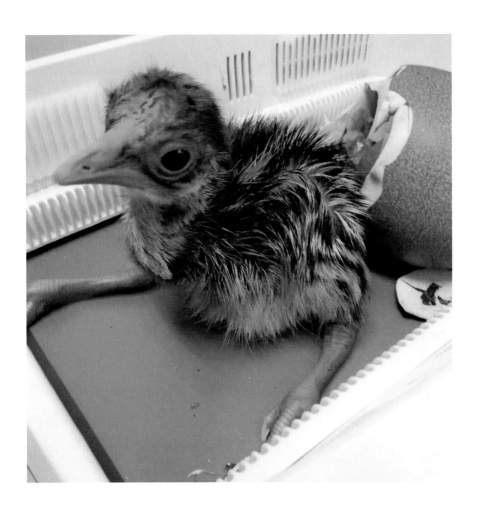

经过这样来来回回 6 次的辅助，终于等到了老二用它细嫩的小脚丫蹬开蛋壳的那一刻，一瞬间，紧张担忧的心就被满满的爱填满了，所有的陪伴与守候都是值得的。

通常情况下，体弱多病的个体才会出现老二这种类似的情况，很多时候可能小食火鸡就算顺利破壳了，最后也由于抵抗力太弱而无法存活。

可是我们的老二不一样，它乐观坚强，总是喜欢睁着圆溜溜的大眼睛望向我们，眼里满是对这个陌生世界的好奇。我想，也许正是老二的努力和坚持以及对这个世界的憧憬，支撑着它能够在破壳后和其他兄弟姐妹们一起健康茁壮地成长吧！

我们拥有专门的两爬、鸟类、兽类等救助区，以及各动物的正常饲养区、野化训练区、软放飞等各种功能区，以确保被救助的动物能在救护中心享有更高的动物福利和更好的野化条件，以适应未来的放归。

我们的使命

救助受伤和落入困境的野生动物，以放归为目的帮助它们康复，并最终让它们回归自然。因来源和伤病无法回归野外的个体，寻找机会参与到园内的展出计划或教育动物项目中，通过保护教育实现其自身价值。

我们的原则

以让野生动物重回野外为工作的第一目的，救助、康复、饲养过程中充分尊重动物个体福利，尊重动物自然史，保持自然行为。

江苏省南京市 野生动物收容救护中心

Jiangsu Provincial & Nanjing Wildlife Rescue Center

场馆面积
1500 平方米

场馆位置
小红山

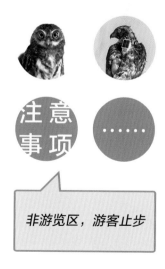

注意事项

非游览区，游客止步

注意！保持距离

故事讲述 / 朱雅婷

故事整理 / 张静雅

场景记录 / 陈园园（P239左）& 邵丹（P239右）& 朱雅婷（P241·246—247·249·258—259·261）& 陈月儿（P243·252·253·255）& 邹静怡（P254）

"动物园是我的爱好，也是我的理想。"

南京女孩朱雅婷是 2020 年 10 月来到红山动物园的。起初，她的打算是来应聘饲养员，而如今她进入了野生动物收容救护中心，成为这里两栖和爬行类动物的"救护人"。

朱雅婷从小就和两栖爬行类动物结下了很深的缘分。最早接触它们是在她只有五六岁的年纪，那时候她和家人去景区游玩，正好经过招揽游客与蛇合照的摊位，年幼的她没有丝毫迟疑，上前便扛起一条蛇把它缠在脖子上。

"那条蛇巨重，扛得我差点没站起来。"

这之后，她便对两爬类动物的热爱一发不可收。还在读书的年纪时，父母并不支持她在家里养这些人们口中的"冷血动物"，她就偷偷地把蛇养在书桌的抽屉里，结果第二天蛇就跑出来了。父母看女儿实在喜欢，也只能妥协："随便弄，别让我们看到就好了。"

"它们都是我的小宝宝。"

现在的朱雅婷，不仅有了更多自己饲养的"小宝宝"，在红山还可以接触和照顾到更多需要救护的两栖爬行类动物。并且，现在国内相关的科普内容与精通的人才比较少，她也可以在这里学习和积累更多两栖爬行类动物饲养和救护的经验、技术，并将它们传递给更多人。

平时工作中需要注意什么？

——注意自身安全。

朱雅婷和一只比较温驯的美洲鬣蜥

"它们其实什么都不懂，这只是它们的本能。"

朱雅婷目前负责的这间屋子里，有众多大小和品种不一的蜘蛛、龟、蛇和蜥蜴等两栖爬行类动物。由于两栖和爬行类动物的新陈代谢水平较低，且欠缺体温调节能力，因此它们的体温通常会随着环境的变化而变化。两栖爬行类动物一般通过吸收太阳光和行动的方式调节体温，相对于恒温动物，两爬类动物和人的互动较少——最多的互动方式就是喂食。

问到照顾这些动物时需要注意些什么时，朱雅婷毫不犹豫地答道："注意自身安全。"朱雅婷的手上有一些伤痕，都是在喂食或进行其他操作时被小动物咬伤的。救护这些"企图把一切都吞下去"的贪吃鬼，朱雅婷表示虽然应该把自身安全放在第一位，但有时为了避免伤害到它们，即便被它们咬住，也不能硬拽。如果一味硬拽，一来未必会顺利让它松口，二来很容易会把它们的牙齿扯坏。这时朱雅婷会选择迁就一下它们："它们其实什么都不懂，这只是它们的本能。"

人刚一接近，几个笼子里的蜥蜴就兴奋起来了，它们在笼子中不停地上下爬动，眼睛紧盯来者，不时地吐弄着细长的舌头。朱雅婷拉开些距离："这是在评估能不能把你吞下去。"蜥蜴的舌头上有丰富的感受器，在捕猎时，它们往往通过舌头来判断猎物的位置，瞅准时机便直击要害。"它们牙齿的咬合力很强，甚至能把人的骨头一口咬碎。"

"它们最大的欲望就是吃，并且有着十足的野性，非常暴躁。"这间屋子里的蜥蜴和蛇，大多数只能采取独居的方式饲养。"如果群居，第二天可能就只剩 1 个了。"朱雅婷只能趁它们吃饭的时候更换水盆，清理笼舍中的代谢物，"不然连门都不敢打开"。

在喂食时，它们会先把食物囤在喉咙里，确认不会继续有食物送入口中时，再全部吞下去。"对它来说，可能咽下去这个动作都是在浪费时间。"朱雅婷又举了一个例子："如果巨蜥在野外掏了一窝小鸟，它会先把小鸟都包进嘴里，再一口咽下。"

救护中心救护的众多动物

"要了解每一个动物的性格。"

巨蜥是现存蜥蜴类目中体型最大的种类，通常性子好斗且凶猛，长而有力的尾巴是它们生存的利器。尾巴的长度通常可占巨蜥总长度的 60%，且具备多种用途。巨蜥的尾巴根部可以用于贮存脂肪和其他营养物质，还可以让它们保持身体平衡，同时也是它们与敌人对抗的有力武器——"就跟钢鞭一样"。

"养动物，不单单要了解这一个种群怎么养，还要了解每一个动物的性格。"面对危险系数极高的肉食性动物巨蜥，朱雅婷需要了解每一只蜥的性格和脾气，这是为了保护自身安全，也是为了有针对性地照顾到每一个个体。

屋中最大的笼子里面住着的是一只金头泽巨蜥。它是个灵活的"壮汉"，会游泳，也会爬树。它的笼子里面有专门打造的栖架，它通常会攀附其上沐浴阳光。如果被太阳晒得热了，它可不会乖乖地爬下来，而是"哐"的一声把自己"砸下来"。"现在背上一块白色的伤痕和缺了一点尖的尾巴就是它任性妄为的后果。"朱雅婷略带无奈地说。

因为是被罚没过来的，之前有被人驯养的经历，它算是救护中心里相对温驯的蜥蜴，也比较聪明。虽然也"一心想着吃"，但它通常会在人手和食物中做一个小小的评估。朱雅婷稍微把手靠近笼网边，笑着说："如果这不是我的手，而是小鼠或泥鳅，它的牙就已经扣在这个网子上了。"

和它相处久了，它也会先凭借嗅觉确认一下是人手拿着的食物还是镊子夹取的食物。如果是人手，它就会小心地凑过来把食物叼走；如果朱雅婷是用镊子夹着食物喂它，它就会一口咬上来。

而面对一旁的尼罗河巨蜥，朱雅婷就会谨慎许多。即使已经在救护中心生活多时，这只尼罗河巨蜥的暴躁性子也没有改变——它试图进攻每一个它看到的活物。朱雅婷无奈地撇撇嘴："野性刻在骨子里了。"她只能用镊子从笼网眼里给它喂食："小命要紧。"

尼罗河巨蜥

朱雅婷常看到这个家伙将两条前爪挂在笼网上方边缘，一只后脚也抬起来钩在笼网上，以一个整体上看起来比较妖娆的姿势把自己挂住，不停打量着四周。只要是在一个屋里，若看见饲养员喂别的动物，不管隔着多少个笼子，这只"极其渴望食物"的尼罗河巨蜥都会躁动起来，拼命想去分一杯羹。

"指不定什么时候就来了什么动物。"

近年来，一些人为了满足个人欲望，便参与到非法的野生动物贸易中。有些人由于缺乏饲养经验，并不能很好地照顾动物，导致它们出现各种各样的生理缺陷或疾病却求治无门；另有一些人饲养了它们一段时间，在情感和法律间挣扎许久，因为害怕遭受刑罚，最后将它们丢到野外任其生死。

朱雅婷负责的这间屋子里目前共有 8 种龟，它们很聪明，会认人，有的看到她就会"嗒嗒嗒"跑过来。这些龟基本都是病了以后从救护中心的 B 岗转到 A 岗来的：有的是肠胃病，有的是长了结石，有的则是吞了原主人由于疏忽落在笼子里的钉子……

来到救护中心的巨蜥、陆龟和一些蛇类大都是我国禁止个人饲养的动物，也许它们是幸运的，最起码被人送到了救护中心。

为什么不将它们放生？

——它们大都是外来物种，

如果盲目放生，会对本土环境造成难以估计的威胁。

那可以送回原产地放归吗？

——能送回原产地放归当然很好，

但离开本土的动物回归原产地要考虑

法律、疫病传播、当地保护现状、运输成本等多重问题。

这种想法在实际执行过程中会受诸多因素限制，并不容易实现。

救护中心里有将近 1000 只动物，为了规范照顾，将鸟类和兽类动物定义为 C 岗，蜥蜴、蛇、蟒、患病陆龟定义为 B 岗，其他群养性陆龟、水龟等定义为 A 岗。每个岗位设置主班饲养员和替班饲养员。各司其职。

朱雅婷负责区域的操作台

在救护中心不过半年，朱雅婷的心境却变了又变："我的心情在大喜大悲之间来回切换。""大喜"是动物们的病被治好能出院了，或者之后在救护中心健康地繁殖和生育；"大悲"是动物病入膏肓，无力回天而去世。

设在红山动物园的野生动物收容救护中心是江苏省及南京市省、市两级的野生动物收容救护中心。平常的动物园若想引进什么动物是需要审批的，而救护中心"指不定什么时候就来了什么动物"，因为这里"无条件地接收所有受伤和需要救助的动物"。由于很多被罚没来的两栖爬行类动物不能放生，也很难放归。"救助的动物数量庞大，我们只能尽全力为在救护中心饲养的动物提供福利保证。"可以期待的是，红山动物园正在建设一些新展区，待新展区建好了，有一些两爬动物可以转去展区饲养展示，它们就能获得更大的生活空间，也能为救护中心空出一些地方。那时候它们也能成为动物大使，在展示自己神奇魅力的同时，向游客传递野生动物保护教育信息，让更多游客认识它

们、正视它们。在来到动物园之前，朱雅婷以为自己会在各个场馆间忙碌"跳跃"，而到这里接触了这么多需要救护的动物，看到不管多忙多苦多累都始终把一颗心悬在动物身上的同事们，"真的希望救护中心能越做越好"。她希望救护中心能有更好的收容空间和救治能力。

朱雅婷在微信朋友圈发出了这样一句话："以此为梦，以此为荣。"配图中，她用手指着绣有"野生动物救护"字样的工作服。

怎么看待有人说"一条蛇有什么好救的"？

——只要它是生命，就有被救助的价值。

朱雅婷

座 右 铭　世间万物吾独爱自由
星　　座　射手座
籍　　贯　江苏省南京市
专业背景　6 年两栖爬行类动物饲养繁殖经验
入园时间　2020
工作场馆　江苏省南京市野生动物收容救护中心
动物朋友　两栖爬行类动物

"唯愿孩子们健康无忧地长大。"

小“尼罗河”诞生记

······朱雅婷

我所饲养的动物可能很难被所有人接受，但我希望通过我的故事，让那些“冷血动物”不再“冷血”。首先介绍一下我自己，我叫朱雅婷。

我所工作的地方是红山动物园比较特殊的一个地方——野生动物收容救护中心。在这里，我们救护中心大家庭需要饲养救助来的各种野生动物，飞禽走兽样样都有。在救助的野生动物中，有部分是来自国外的动物，它们可能是通过一些非法渠道流入国内市场的，其中包括各种陆龟、水龟、蛇、蜥蜴、蜘蛛等。而我，就是它们的后妈。

“一个姑娘养这些东西啊？臆怪死了！”我是土生土长的南京人，这也是我在亲戚朋友那里得到的最多次数的评价。

我能理解很多有这种想法的人，毕竟，蛇——又长又滑全身鳞片还有一嘴牙，蜥蜴——不就是土房子墙上的四脚蛇吗，蜘蛛——我的天啊，这么大还有一身毛……没事儿，没事儿，听我说点故事，可能你就不这么觉得了。

故事太多一时竟不知从何说起，且说说一个新生命诞生的故事吧。我刚来救护中心时，前辈指着孵化箱跟我说："那里面有几枚尼罗河巨蜥的蛋。"自然界中的尼罗河巨蜥，只要有处于发情期的成体公母，就可以进行交配和繁殖。而动物园若想繁殖某种动物，是需要申请繁殖许可证的。不过我们恰巧有一只尼罗河妈妈，是警察罚没来的，刚来时我们并不知道它已经怀孕。在正常饲养的情况下，它产下了几枚蛋，但因没有给它创造良好的下蛋条件，有几颗蛋被踩碎了，保存下来的一共是5枚蛋。

　　身为爬行动物的痴狂爱好者，有孵化这等好事我岂能错过！于是从我接触这个岗位的这一刻起，我就惦记着这些孩子啥时候能出来叫我一声妈。

　　可这一等，就是4个月有余……从兴奋，到焦急，到随后略微失望。两个月的时候，几枚蛋仍毫无动静，照蛋只能看到轻微沉淀，没有任何生命迹象。"也许只是未受精的蛋吧。"我当时已经这么想了。其间咨询了好几位曾经繁殖过尼罗河巨蜥的同行或外国专家，得到的回复是2～4个月会出壳，我想，那不管怎么说，这些蛋也该有点发育的迹象吧，可惜完全没有。

　　有的时候越是期待，越是失落，我的失落期延续了半个多月。但某一天，当再次拿起手电筒的时候，我发现蛋内的沉淀变厚了，透过蛋液可以看到有形状的阴影！有变化就说明这蛋还活着，里面的小生命还在发育！

　　当我把这个好消息告诉救护中心的大伙儿时，大家都跑来围观，好像只要大家盯着，它们就能立刻出壳似的。在整 4 个月的时候，蛋内已完全看不到蛋液，这再不出壳就实在不应该了吧。于是我们的陈老师开启了"催产"魔咒，每天走过路过都问上一句"小尼罗河怎么还不出来啊"。我要是小蜥蜴，我都听烦了，不高兴出来了。

　　在陈老师每日喋喋不休的唠叨中，在我们救护中心全体的期待中，某一次照蛋时，我看到蛋里的小蜥蜴动了！小手（也许是脚？）突然贴到了蛋壳上，我激动地大叫着跑出去喊大伙儿，却碰上大伙儿出去帮忙，只剩下了陈老师。陈老师不可思议地看了我一会儿，然后立刻丢下手中的活儿往我那间屋子奔过去。

　　"手电筒！""快！"仿佛给手术台上主刀医生递手术刀一样，我赶忙将电筒递给陈老师，可之后迎来的却是死一般的沉寂……"没动啊！""啥也没有啊！"看来小宝宝们是被陈老师吓到了。自此，为了让小尼罗河顺利出壳，我决定让陈老师远离这个孵化箱！

漫长的等待赢来的是迎接新生命的喜悦，在尼罗河巨蜥蛋孵化的第152天，在某场会议过后，第一只小尼罗河探出了头。

　　消息传出，救护中心的前辈姜尧从猫科馆一路狂奔到救护中心，这是多少个爹妈、多少个日夜的期盼。唯愿孩子们健康无忧地长大。

　　"冷血动物"其实并不冷血，准确来说它们是变温动物，它们的体温会根据外界温度的变化而变化，晒过太阳的蜥蜴身上是热乎乎的。

　　在性格方面，它们确实没那么友好，但是它们非常胆小，一般情况下并不会主动攻击人类，除非是饿急眼了或者是有人威胁到它的地盘和生命安全。如果大家在野外遇到一些蛇、蜥蜴等时，绕开就行，不要主动攻击它们，它们看到比自己体型大太多的动物一般会灰溜溜地逃走。

　　若你有心思仔细观察，它们身上排列有序的鳞甲、风格丰富的纹路也具有一种别样的美丽！所以我们不必畏惧它们，它们也是地球家园上可爱的生灵。

"第一只小尼罗河探出了头"

出壳后的小尼罗河们

给生命，以自由

故事讲述 / 陈月龙

故事整理 / 张静雅

场景记录 / 陈月儿（P263·265·274—275·279左1—3）& 杜颖（P266·279左4）& 陈月龙（P269）& 陈园园（P278）& 南京市红山森林动物园（P282）& 南京市红山森林动物园宣传教育部（P285上）& 孙涛（P285下）

红山动物园的野生动物收容救护中心在小红山，因为谢绝参观，它的入口并不像其他场馆那样显眼，来往的游客如果不注意看一旁的牌子，可能会以为这里是动物园的仓库之类的地方。

在救护中心工作的陈月龙来自北京，他留着寸头，后脑勺盘起一条细细的小辫子。他是大家口中的"陈老师"——几乎每位饲养员在回想饲养工作时都会提到他，无论是在工作时遇到的棘手问题，抑或是对动物或工作的看法，都多多少少地受到过陈月龙的启发。

和我们大多数人一样，陈月龙幼时接触的也是常见的家养动物："鸟儿啊，鱼儿啊，猫儿啊，狗儿啊……"小时候对于动物的观察也许并不像长大后这样清晰、全面，但陈月龙认为那些并不清晰的记忆也在不知不觉中产生了影响："有很多东西你现在觉得会了，但你也不知道怎么会的，可能是很久很久以前就知道了。"

陈月龙将动物福利的"五大自由"工整地写下来，贴在办公室的墙面上。在他心中，动物福利是动态的，是针对个体的，实现动物福利是一个不断达到积极状态的过程。

如何看待有人"放生"矿泉水？

——往水里倒水，就是不太低碳。

——至少没添乱。

陈月龙（右）正和救护中心的同事谈话

"救护中心有多少动物就有多少故事。"

红山动物园里物种种类最丰富的地方当属救护中心。救护中心如今救治的动物中有 60% 是罚没来的我国禁止个人饲养的动物，另外 40% 是本土动物，本土动物以鸟为主，还有一些兽类。

若打听那些并非罚没而来的本土动物在来救护中心之前的经历，陈月龙没有太多迟疑便开始列举："营养状况比较差的，迁徙季体力不支的，撞玻璃的，车撞的，卡在栏杆上的，粘在粘鼠板上的，从窝里掉出来的，钻到人家的排油烟道里搭窝的……几乎都有人为因素。"他举了一个例子，比如一些脱水的动物，它们本来是有水喝的，但在人类发展、城市扩张中逐步丧失了栖息地，喝水都成了难题。

各式各样的笼舍

救护中心有很多大小和形态不一的笼舍，因为需要救护的动物实在太多，许多笼舍中混养了几种动物，如鹦鹉和兔子，又如孔雀和雉鸡。某个笼子也不是一直养一种动物的，比如一个现在住着夜鹭的笼子上还挂着前主人——鹦鹉的玩具。

　　另外还有一些笼舍需要用纸板隔开内外视线，里面住着的是要放归的猛禽。隔开的原因主要有两个：一方面是它们的羽毛很容易在冲撞时被笼网戳坏，从而影响到它们日后的飞行，放归也会变得困难；另一方面，视线的阻隔让它们看不到人类，从而避免让动物陷入紧张与压力中。

　　"救护中心有多少动物就有多少故事。"但故事的长短不一，比如今天救护的一只鸟可能没待俩小时就要放了，有的则需要养一辈子。又比如，救护中心里有一只貉的北方亚种，貉是一种犬科动物，模样和性格都和狗很相像。它已经来了半年多，据陈月龙推测，是养殖逃逸出来的，被警察抓住才送到救护中心。

　　还有一只白凤头鹦鹉，这一物种在野外有非常复杂的社会关系，常以群体的形式出现。单独个体的出现让陈月龙感到为难："我们很难给它群体，也不太可能像它同伴那样有充分的时间陪伴它。"

　　"对于它来讲，从被人圈养开始，就注定了会有这样糟糕的命运。它来到我们这里，虽然考虑到它会有较强的社交需求，但这件事还得看机缘，就和交朋友一样，哪有那么容易找到一个完全契合的朋友。"

"缺少的不是保护的办法，而是对野生动物的了解。"

在很多人眼里，野生动物救护中心应该接收的是各级保护动物，但事实上只要是需要救助的动物，救护中心都会义不容辞地伸出援助之手。

被送到救护中心的动物，有一些是由陈月龙一手养大的，比如国家二级保护动物獐子和狗獾等，又比如——

大约是 2020 年的梅雨季，一场大雨过后，熊猫馆的饲养员做场馆清扫时，在运动场发现了一只"毛儿还没长全"的小动物，饲养员立马拍下视频发给陈月龙。据陈月龙回忆："那天下了雨，它很有可能是从窝里被冲出来的……视频里就看到一个小动物在地上爬，浑身都湿了，旁边是饲养员的扫把和簸箕。"在视频里很难看清它的大小，更难判断它是什么物种，陈月龙立马动身去熊猫馆把它接回来。接到时发现它是一只黄鼬，也就是人们口中的黄鼠狼。

"看到它的时候发现它比视频里要大，但是已经凉了。"动物幼崽大多很脆弱，这只黄鼬正应是好好待在窝里、需要有充足热量生存的时候，还好熊猫馆的饲养员在第一时间用毛巾擦干了它身上的水。回到救护中心后，陈月龙又给它擦了擦身体，旁边还放了个起到"浴霸"作用的小灯泡。

熟睡的黄鼬宝宝

在陈月龙的精心照料下，小家伙逐步恢复了体温，活力也跟着恢复了，只是它还没能睁开眼睛。陈月龙给它喂了几天羊奶，虽然它吃得还行，但羊奶毕竟不是亲妈的奶，它整体上恢复得并不是很好。喂了几天之后，陈月龙发现小家伙长牙了，就想试试让它吃固体食物，试探性地喂了它几块肉，没想到小家伙吃得还挺好，粪便状况也转好，不像之前吃奶时还会出现拉稀的状况。

"能吃肉之后就简单了，长得也快了。喂奶就很麻烦，会出现各种不适应的状况，比如呛奶、不适应奶嘴、拉稀之类的问题……肉吃了一段时间就睁眼了。"

这只黄鼬逐渐长大后，陈月龙本想让它回到野外，但经过一番评估还是放弃了这一想法。放生的野生幼崽往往需要适应非常多的环境变化，它们需要自己捕食。这只黄鼬放生后可能面临的最大问题就是它的捕食能力，虽然它有犬齿和爪子，但没人能教它很好的捕食技巧。

"野生动物见得多了，你会发现它们的捕食能力是有差别的。年轻个体能捕食，但它们一般技巧很差。捕食本来就是一生都要练习的技巧。如果想要放归它，需要非常多的人力、物资和时间，需要做很多野化的工作才能让它回归到野外。"

此外，陈月龙还有一个考虑：这次捡到的是一个已经可以开始吃肉的个体，这是黄鼬的幸运也是他的幸运，因为这只黄鼬已经度过了最危险的时期，但"若下一次遇到的小崽只能喂奶该怎么办"？所以，陈月龙决定留下它，通过饲养和观察这个个体，获得关于这一物种的更多信息："最缺的不是保护的办法，而是对野生动物的了解。某一物种有多少，需不需要保护，它们吃什么，怎么生活，活动范围有多大，和人之间的关系怎样……有太多物种我们还不了解。"对于幼年黄鼬来说，需要多久才能断奶，多大可以睁眼，要吃多少、吃什么奶粉可以让它成功过渡，怎么喂、喂几次、用什么样的奶嘴，有很多细节都是需要在实践中得到确认的。

"虽然它不能回到野外，但从它身上积累到的资料可以帮助以后的物种回到野外，这件事本身就是有意义的，跟我们的原则和目标是不违背的。只是对于这只个体来说，可能它的生命轨迹就被改变了。所以我们现在尽可能地给它提供更好的环境，让它在我们安排的生命轨迹里能获得更好的照顾。"

现在这只黄鼬住着的是一个两侧相通的"豪华"笼舍。黄鼬跑得太快了，单笼会出现操作上的困难，相通的笼舍能实现让它串笼的需求。陈月龙知道像黄鼬、松鼠这样的动物常常要在笼子里面跑来跑去，于是在笼子里面装置了很多栖架。

"这些栖架的位置也是经常更换的，如果一直固定在一个位置，它们就会在几个点之间跑来跑去。通过变化可以破坏它们这一行为，新的路线和新的环境可以杜绝它们的刻板行为。"

在喂食时陈月龙也会给黄鼬制造一些难度，让它在解决困难的过程中获得新鲜感。此外，陈月龙还在笼子里精心铺设了生态垫层："这相当于堆肥的原理，利用其中物质的分解代谢为它提供更健康的土壤环境……土也分干净的和脏的。人躺在干净的土上面睡一觉也不会生病，而脏的土只要闻一下就会生病。"

"我们是一种生命陪伴另一种生命。"

　　救护中心会接收各种各样的动物，这对于陈月龙来说已经习以为常："经常有很多稀奇古怪的鸟被送来，也没人养过，我只能猜一下它在什么科属，大概吃什么食物，然后给它准备。它们在野外吃什么东西，我还得再去仔细了解一下。"

　　陈月龙有多年的野生动物救护经验，但从事这项工作，陈月龙直言并未接受过专业的训练："现在学校划分出这么多专业，但没有一个专业是专门针对野生动物救护的。"在上中学时，陈月龙常会浏览与动物相关的网络论坛，或者看一些图书、杂志。其中有一本书介绍了野猪的养殖技术，告诉大家处于不同阶段的野猪该怎么饲养，饲料种类和用量样样精细。陈月龙认为这样的做法本身无可厚非，但这与动物园的饲养模式有着目的上的差别："养殖场养动物就像机器生产东西一样，而我们是一种生命陪伴另一种生命。"

关于动物饲养与保护的经验，是陈月龙在实践中不断积累的。实践包括自己的实践，也包括观察别人的实践。

在来红山动物园之前，陈月龙曾在北京的野生动物救护中心待了5年，在那里积累了一些动物救护经验。之后他又加入了猫盟 CFCA，跟着猫盟中志同道合的朋友们跑了很多地方。

在猫盟的 3 年里，陈月龙不再局限于日常救护中对动物受伤状况的关注，他对野生动物的生存环境有了更直观的体验："我亲眼看到野生动物的生存状态，体会到它们与环境、与人类的关系，了解了它们栖息地的情况和它们所受到的威胁。"类似于这样的亲身经历对于陈月龙如今开展动物救护工作而言十分宝贵："我由此获得关于野生动物的更多感悟，这些感悟能运用到工作中，比如在解决某个问题时就可以运用其中一部分有用的信息。"

猫盟 CFCA：中国猫科动物保护联盟。一家致力于野生猫科动物保护的民间机构。红山森林动物园现与猫盟展开了密切合作，在猫科动物馆入口处设置了一个复刻猫盟在山西和顺的华北豹野外保护站，作为"猫盟—红山基地"，目的是让公众更直观地了解野生动物保护工作，并展示我国野生猫科动物的生存现状。

陈月龙（左2）、彭培拉（左3）、刘媛媛（左4）和小助手孙艳（左1）查看本土物种保育区建设进度

"现代动物园最重要的是服务于野生动物保护。"

红山动物园正在筹建本土动物区，待建成后，救护中心无法放归的本土动物有很多要送到那里去，野猪也在其中，那时红山也就成为国内为数不多展示野猪的动物园了。由于对动物饲养与保护工作有丰富而独到的经验与见解，陈月龙在场馆建设期间总是往本土区跑。他认为，动物园的场馆首先要满足动物的需求，同时也要满足饲养员的工作操作需求，当然也需要满足游客的游览需求。

"不同主体的需求可能是互相矛盾的，这本身就是一个权衡取舍的过程。但只有动物园保障展示个体的福利，为它们制造更积极的福利状态，动物才会有更正常、更自然的行为表现。只有动物更自信、更好看、更勇敢，才能带给游客更正面的信息。游客们通过这些正面的信息，才可能被这样的动物吸引、打动，对动物喜爱的情感能够让人产生保护行动……可能有些动物与一些人本身没有什么关系，但某些物种所面临的生存威胁绝大部分都来自于人类。有时人们会遇到参与生态多样性保护行动的机会，若能通过动物园了解并喜欢上什么动物，就多了几分让他们产生动物保护意愿的可能。"

"现代动物园最重要的是服务于野生动物保护。"在陈月龙的心中，动物园应该明确地把自己定位为野生动物保护机构。"它可以做的事情很多。野生动物保护涉及对生态环境的保护，其本身是一个很大的课题，需要涉及很多领域，也要站在很多角度去考虑。一个动物园要明确地以保护野生动物为目的，以此指导和实现之后的工作。"

在陈月龙的眼里，红山动物园把野生动物救护工作放在动物园众多项目中非常重要的位置，"这是令人十分欣慰的一件事"。他直言："让动物园参与到野外的动物保护工作中，现在来讲还是个十分遥远的目标，但野生动物救护是动物园触手可及的工作。最直接的是动物园要有保护本土生物多样性的办法，这是动物园存在的目的和意义……因此红山是一个非常好的动物园。"

对于人的事，陈月龙似乎并不十分热衷，而聊到动物的事，他就变得滔滔不绝。曾有同事开玩笑道："他是一个对人不笑、对动物笑的人。"其实和许多北方人一样，陈月龙也是个直爽性子，言谈中常带着调侃。他习惯性地将更多的关心和耐心放在动物身上，这不仅是他的工作，也是他的使命。

如今工作中最宝贵之处是什么？

——让可以回到野外的动物回到野外。

陈月龙

座 右 铭　　无
星　　座　　处女座
籍　　贯　　北京市
专业背景　　生物技术
入园时间　　2019
工作场馆　　江苏省南京市野生动物收容救护中心
动物朋友　　很多

"解决人兽冲突的办法总能找到，
但基础是我们要有和其他物种分享地球资源的正确态度。"

在南京，野猪和电动车谁更危险

•••••• 陈月龙

追一个已经不热了的热点，奶茶野猪。

事情很简单，大概就是有只野猪跑到奶茶店里转了一圈，然后从柜台上蹦出去了。还好当时店里并没有喝奶茶的人，野猪只是撞到了桌子和椅子。视频的最大亮点也许是服务员以敏捷的身手抢先野猪一步从柜台跳出去平稳落地，还有工夫转身目送野猪起跳。当时我的第一反应是，这要是我，肯定当场吓得无力逃跑——服务员真厉害。

事情不大，但是经过媒体一番报道，最终登上央视新闻，"奶茶猪"从此威震江湖。

我知道的比新闻早一点，下班的时候工作群里的同事说跟着兽医出去接野猪了，那天我刚好休息遗憾错过。其实我老愿意凑这种热闹了，后来我也就在群里看看热闹。兽医和救护中心的同事们比较辛苦，有出去接的，也有在救护中心待命的。

这其实是我们最近接收到的第二只野猪，再之前几天还救助了一只野猪，不过它没有奶茶猪名气大，是从一个医院的大院子里接来的，我们叫它"看病猪"吧。奶茶猪来了其实并无大碍，蹄子破了一点点，也很快止血了，看病猪的命运比较悲惨，对得起这个名字。来的时候它的鼻梁肿着，呼吸有巨大的声音，大概就跟超大声的呼噜差不多。虽然看上去它还故作镇定，但是我们暗中观察，发现它其实很想吃东西，只是嘴巴打开放到食物上却闭不了，我们判断是因为太疼了。情况不太乐观，兽医该用的药都用了，剩下的要看它自己了。

从新闻里了解到，看病猪在医院里"大杀四方"，撞翻了两名警务人员，我也为视频里的警务人员捏把汗，赤手空拳肉搏野猪实在是太莽撞了。野猪虽然不是猛兽，没有尖牙利爪，但它的体重加上移动速度就足以拥有强大的破坏力了，也想提醒大家，看到野猪不要围观也不要惊慌，因为人惊慌容易引起野猪惊慌，野猪惊慌了看哪都是危险的，然后就会横冲直撞。这时大家应该尽快避让，绝对不要妄图生擒野猪。

红山动物园的兽医们对付野猪，每次都要用麻醉的方式才能把它们安静地带回来，回来之后再打解药让它们醒来。经过短暂的恢复，野猪就可以正常活动了，这对猪、对人都是安全的操作。

看病猪刚来的几天能喝很多水，但是无法进食，我们给它准备了玉米面粥，但是它好像并不接受，在我们商量着是否要拍X光检查具体的状况，并且已经确定了拍片子的时间时，看病猪开始吃东西了，吃的是切成非常小块的苹果。开始吃饭真是太好了，一切看起来都变得有希望，它的身体情况逐渐好转，食量逐渐增多，食物的尺寸逐渐增大，也越来越能吃硬的东西。刚开始吃饭时它会发出狗叫一样的声音，但情况在逐渐好转。

前后脚接收的这两只猪都是公猪，那会儿正是野猪繁殖的季节，恐怕它们都是在出来寻找更多繁殖机会的路上迷失了自己。来到人类活动的区域一切都太不熟悉，再加上人类有意无意地围追堵截，就更难找到回家的路了。除了繁殖需求，营养需求也决定了秋天的野猪要疯狂积累过冬的能量，没有足够的储备，很可能会死在寒冷的冬天里。在自然界中，冬天对于野猪来说同样难熬，橡树、栎树等的坚果当年的产量决定了野猪种群数量的变化走向。因此疯狂寻觅食物是野猪在秋天最重要的事，所以农田才会频频遭到野猪的洗劫，但不至于一空。

救护中心在野猪繁殖期收容的野猪妈妈和野猪宝宝们

冲击奶茶店的南京野猪到底有多猛？

在南京城区内遇见野猪的概率很高，经常会有新闻报道。我第一次去紫金山就遇到了野猪。

当时是秋天，那里是山中一块谷地，落叶比较厚，乔木以栎树为主，可想而知落叶中藏着不少橡子，一群野猪就在那里钻踢翻拱，我刚靠近，它们就玩儿命逃窜了。

除了紫金山，江北的老山和宁镇山脉、栖霞山、江宁的将军山、牛首山，基本在南京有山的地方就有野猪，有野猪的地方就被定义为野猪泛滥成灾，这几乎成了一个定式。

野猪因为饭量大、活动范围大和一出场就声势浩大这三点成为人们心中不那么喜欢的动物。冲突成了人和野猪关系中的唯一主题，在农村是吃了庄稼，在城市是横冲直撞惊扰了路人。在正常人类的逻辑里面，既然形成这么广泛的冲突，那一定是野猪的问题。

但我始终怀疑，在南京，下山的野猪能比同方向行驶的电动车危险吗？虽然没有看到过有关野猪具体数量的调查，但野猪泛滥成灾的问题确实深入人心，其实好像连多大面积有多少野猪可以叫作泛滥成灾的标准也没见到过。支撑泛滥成灾的依据我猜主要有两个：第一是野猪很能生，第二是没有别的动物能限制野猪数量。

关于第一点，野猪每胎 4 ~ 6 只确实算比较多的，但也不像很多人认为的那样每次能生十几个、一年能生好几次。野外十几只小猪成群的那只是"幼儿园群"，并不是十几二十只小猪都是一个妈生的。"一年能生好几次"也不准确，如果第一窝小猪夭折，有可能有第二窝，但也得看时间来不来得及，很多动物都是这样。如果第一窝小猪活得挺好，即便不是百分之百成活，母野猪当年也不会再生第二窝。

再说说第二点。没有虎豹，野猪数量确实缺乏捕食者控制，但有虎豹的地方野猪少了吗？反而可能更多，城市中丁点儿大的自然环境中藏着那么几只野猪，要真来个虎豹够吃吗？房子都盖到半山坡了，单纯赖野猪跑进人类活动区域可能也不合适。

另外，没有捕食者控制数量就真的无法控制野猪的种群数量了吗？大自然的魔法还不至于这么弱吧？比如野猪种群过大食物不充足，冬季的死亡率会升高，春季的繁殖率会降低；比如野猪种群过大导致土壤中留存过多的寄生虫，引起野猪暴发疾病，从而导致种群数量减少。这些都是大自然干扰野猪种群数量的方式。谁说只能靠捕食者？还有更多我们不了解的调控在发生着。

准备放归野猪

野猪放归时刻

不过野猪的种群没那么容易迅速消亡是可以肯定的，除了关于野猪数量和人兽冲突的讨论，几乎没人正视野猪的生态价值。它们通过翻拱地表和进食促进健康森林植物群落的发育和形成，也为其他物种制造生存机会和开辟道路，我写过一篇文章：《比起吃庄稼，种森林才是野猪的正经事》。

每一个物种都不是脱离环境和环境中的其他物种单独存在的，并且一个物种尚未灭绝和这个物种应该有的数量之间往往存在天壤之别，抛开种群数量谈生态价值是没有意义的。

对于野生动物救助工作而言，对频繁制造人兽冲突的物种的救助放归确实需要谨慎。比如在香港地区，蟒蛇会因为吃鸡造成人兽冲突，因此救助的蟒蛇会用芯片标记个体，这样可以记录到个体的人兽冲突记录。如果确定某个个体确实已经形成去捕食人养的鸡的"文化"，则可以考虑放归野外以外的其他处理方式。

威胁野猪的另一个情况是，由于多种散养家猪形式的存在，野猪的基因正受到家猪的入侵。大耳朵、白毛、粉红鼻、肩高低等性状的出现都值得担忧，另外，城市中的野猪是否会因为种群太小和迁移不便而出现近亲繁殖的问题也未可知。

我不是一个极端的人，我也认为城市中的野生动物需要管理，但这绝不仅仅是我们人类对它们进行强行的管理与牵制，还要有我们人类为了野猪以及其他物种的生存与繁衍所应付出的保护行动。

　　最后是一句说过太多遍的话："解决人兽冲突的办法总能找到，但基础是我们要有和其他物种分享地球资源的正确态度。"

选自陈月龙的微信公众号"野生青年陈老师的咸盐和碎雨"

场景记录 / 孙涛

航拍北门近园后的第一个展区：环尾狐猴岛

致谢

《红山动物园是我家》一书成稿，留住了发生在动物家中的珍贵回忆，但生命的赞歌还未停止，自然与人的故事还有更多的书写与表达方式。在这里，代表南京市红山森林动物园，我有许多想要感谢的对象。

首先要感谢生活在动物园里的动物。动物是人类的朋友，它们代表野外的同伴来到城市，为人们带来欢乐、知识以及感悟。如果没有在动物园生活的它们，人们若想亲眼看到这些多姿多彩的生命要远行万里，这些"大使"的存在可以让人们用1天的时间进行一次环球旅行。它们以及它们的祖辈在来到动物园之后就很难再回到野外，我们要感谢这些生命，要努力让它们在动物园这个家中能有更多自然行为的表达，要让它们更快乐从容、更有自信、更有尊严地生活。

其次要感谢所有饲养员。饲养员的工作不仅是人们口中"给动物喂食"那么简单，还有许多不为人知的艰辛——他们需要花费许多的时间和精力去更好地照顾动物。这意味着他们在工作中要及时发现动物行为问题，思考该如何丰富动物的生活，如何才能使动物拥有更富有变化、挑战的生活。他们要带着探索与挑战的精神投入工作，思考如何给动物创造新的环境、新的刺激。总之，践行现代动物园建设这一价值理念，需要饲养员能做得更多。

最后要感谢来到动物家做客的人们。我切身感受到这几年来到红山动物园的游客们有一个明显的转变：大家不再像起初那样热衷于戏耍和挑逗动物，而是给予动物以更多的尊重与爱护。这里有一部分原因是动物园场馆在不断改造和升级，能够在一定程度上激发动物天性行为的彰显，引导游客产生观察动物的兴趣，但更重要的是游客素养正在明显提升。我经常能看到令人欣慰的一幕：游客自发阻止其他人的投喂行为。多年来，我们一直宣传尊重动物的理念，并致力于向公众传递这些观念，公众在吸收后还会再传递给身边的人。

相信未来会有更多敬畏和保护自然的人，有了共同的目标与追求，对于整个地球家园来说，大家在生活中做出的小小改变，汇聚起来都是一股不可轻视的力量。

沈志军

2021 年 7 月 6 日于南京市红山森林动物园

后记

我是在"一席"公众号上知道沈志军的,我们都在"一席"演讲过。

2020 年夏天,沈园长在"一席"讲的《一个动物园的追求》引起了社会轰动。我看过之后,一下子就觉得红山动物园非常值得关注,也总是在想能不能为动物园做些事情,直到今年年初跟着江苏省委宣传部徐宁副部长到红山动物园调研,想法落地了。

当时沈园长带我们参观动物园,还做了现场汇报,讲他经营红山动物园的理念、现状和实际面临的困难,包括疫情防控期间非常艰难的生存过程。沈园长"一心为动物"的状态让我感触很深,当场就决定要策划一系列关于红山动物园的书。

选题策划正式启动后,我带着南师大的研究生,又去了一趟红山,再带着她们参观、听汇报,和活跃在一线的饲养员们面对面地交流。就是这次和十三位饲养员的对谈,让我们得以把这本书的基本风格确定下来:一本故事书,讲动物和人的故事。

做书的过程很辛苦,三位出版专业的研究生很努力,从零起步,把书做出来了——

张静雅和袁妍晨曾多次前往动物园采访，从十三位饲养员大量的访谈录音里，整理出我们现在看到的故事；陈月儿负责全书设计和部分摄影，前后也跑了许多回，直到文稿、图片两齐。后面的设计工作就是不断地推翻上一稿，不断地和动物园沟通、修改、打样再推翻，一点一点地，把一些想法用合适的方式呈现出来。

虽然在这个时代，微信公众号、微博等都是讲故事惯常的选择，但我还是想让红山动物园的图文印到书上。这可能是一种"过时"的做法，但又确实能让那种坚持、那种精神，一下子有了触感、厚度和重量。

愿读过这本书的你，对动物的认识更多，对饲养员的工作知道更多，对动物与人、人与大自然之间的关系理解更多，从而带着更多温柔、更多包容、更多爱去面对这个世界吧。

朱赢椿

2021 年 10 月 12 日于随园书坊

孩子们在细尾獴馆参观隧道里穿梭，欢迎再来做客！

图书在版编目（CIP）数据

　　红山动物园是我家 / 沈志军，朱赢椿主编 . — 长沙：湖南文艺出版社，2022.1
　　ISBN 978-7-5726-0354-9

　　Ⅰ．①红… Ⅱ．①沈… ②朱… Ⅲ．①动物园 – 概况 –南京 Ⅳ．① Q95-339

　　中国版本图书馆 CIP 数据核字 (2021) 第 180479 号

红山动物园是我家
HONGSHAN DONGWUYUAN SHI WOJIA

沈志军 朱赢椿 主编

出　版　人	/	曾赛丰
出　品　人	/	陈垦
出　品　方	/	中南出版传媒集团股份有限公司
	/	上海浦睿文化传播有限公司
	/	上海市巨鹿路 417 号 705 室（200020）
责　任　编　辑	/	吕苗莉
装　帧　设　计	/	朱赢椿　陈月儿
责　任　印　制	/	王　磊
出　版　发　行	/	湖南文艺出版社
	/	长沙市雨花区东二环一段 508 号（410016）
网　　　址	/	www.hnwy.net
经　　　销	/	湖南省新华书店
印　　　刷	/	深圳市福圣印刷有限公司
开　　　本	/	880mm×1230mm　1/32
印　　　张	/	9.75
字　　　数	/	225 千
版　　　次	/	2022 年 1 月第 1 版
印　　　次	/	2024 年 2 月第 4 次印刷
书　　　号	/	ISBN 978-7-5726-0354-9
定　　　价	/	69.00 元